AF453106

# ÉTUDE

## SUR L'UTILITÉ AGRICOLE

### ET

# SUR LES GISEMENTS GÉOLOGIQUES DU PHOSPHORE.

# ÉTUDE

## SUR L'UTILITÉ AGRICOLE

### ET

## SUR LES GISEMENTS GÉOLOGIQUES

# DU PHOSPHORE,

PAR

## M. L. ÉLIE DE BEAUMONT.

EXTRAIT DES MÉMOIRES DE LA SOCIÉTÉ IMPÉRIALE ET CENTRALE
D'AGRICULTURE. — ANNÉE 1856.

PARIS,

IMPRIMERIE ET LIBRAIRIE D'AGRICULTURE ET D'HORTICULTURE
DE Mᵐᵉ Vᶜ BOUCHARD-HUZARD,
RUE DE L'ÉPERON, 5.

1857

# AVERTISSEMENT.

Cette *étude*, entreprise dans l'unique but d'appeler l'attention sur les gisements géologiques du phosphore, ou plutôt
de ses composés et surtout des *phosphates*, et sur l'utilité que
l'agriculture peut en tirer, a paru dans le *Moniteur* en plusieurs articles successifs, publiés à d'assez longs intervalles.
M. Payen, le savant secrétaire perpétuel de la Société impériale et centrale d'agriculture, ayant jugé que, par l'effet
de sa publication morcelée, mon travail échapperait à beaucoup d'agronomes, a bien voulu lui donner une place dans
les *Mémoires* de la Société, d'où les pages qui suivent sont
extraites ; mais, en même temps, M. Payen a eu la bonté de
me signaler dans mes recherches plusieurs lacunes et de m'indiquer les sources où je pourrais puiser pour les combler, témoignage de bienveillant intérêt dont je suis heureux de
pouvoir lui exprimer ici toute ma reconnaissance.

Cette seconde édition est donc moins incomplète, à quelques égards, que celle qui a paru dans le *Moniteur*. Je regrette cependant de n'avoir pu y indiquer les gisements assez
nombreux de phosphates de chaux qui, tout récemment, ont
été découverts et mis en exploitation dans différentes parties
de la France; mais j'espère que ces découvertes, devenues
l'objet d'une industrie déjà assez importante, seront bientôt
l'objet de publications spéciales.

L. E. D. B.

Paris, le 23 octobre 1857.

1

# TABLE DES MATIÈRES.

# ÉTUDE

## SUR L'UTILITÉ AGRICOLE

ET

## SUR LES GISEMENTS GÉOLOGIQUES DU PHOSPHORE,

### par M. L. Élie de Beaumont (1).

---

### INTRODUCTION.

Le phosphore est un des soixante corps simples reconnus par la chimie. La découverte en est due aux derniers alchimistes, qui ont signalé en lui des propriétés singulières. Son nom ne réveille pas ordinairement des idées d'utilité publique; il rappelle plutôt des souvenirs d'empoisonnements, d'incendies, de lueurs sinistres. L'usage le plus étendu et le plus inoffensif auquel on ait su l'appliquer jusqu'à nos jours (usage merveilleux en lui-même, quelque vulgaire qu'il soit devenu) est la fabrication des allumettes chimiques.

Extrait d'abord de matières repoussantes, le phosphore, d'après la source première d'où on l'a tiré, devait probablement se trouver dans les engrais qu'on porte dans les

---

(1) Ce travail a été inséré, par parties, dans plusieurs numéros successifs du *Moniteur*, 24, 25 juillet, 25 août 1856, 11, 12 février, 26, 27 mars, 18 et 28 juille 1857.

champs et dans les substances alimentaires que les champs
produisent. On conçoit donc immédiatement qu'on ait pu
être conduit à s'en occuper sous un point de vue agricole.

Le phosphore est éminemment combustible, et en brû-
lant il se combine avec l'oxygène de l'air de manière à produire différents acides, dont le plus stable, le seul qui soit
généralement répandu, est *l'acide phosphorique*. Cet acide
est composé de la manière suivante :

Phosphore.................................... 44,44
Oxygène..................................... 55,56
100,00

Le phosphore, par ses propriétés et ses relations atomi-
ques, a plus d'un trait de ressemblance avec l'azote, mais
surtout avec l'arsenic, et les nombreux empoisonnements
produits par les allumettes chimiques ne prouvent que trop
qu'il se rapproche de ce dernier dans l'échelle des poisons ;
cependant l'acide phosphorique ne partage pas les propriétés
délétères de l'acide arsénique, ni même de l'acide azotique
(ou nitrique), et cela est d'autant plus remarquable que ces
trois acides ont la même forme atomique ($RO^5$), et que les
phosphates et les arséniates qui résultent des combinaisons
des deux premiers avec les bases sont aussi des composés
homologues dont les formules ne diffèrent que par la substi-
tution du signe de l'arsenic à celui du phosphore. L'acide
arsénique et l'acide phosphorique, — *isomorphes* l'un de
l'autre, pour employer l'expression consacrée, — se remplacent mutuellement dans les minéraux en toute proportion.
Comme deux jumeaux, la nature minérale a souvent pris in-
différemment l'un pour l'autre ; mais le tact plus délicat de
la nature organique ne pourrait s'y tromper. Les arséniates
sont, comme l'arsenic et l'acide arsénieux, des poisons très-
violents. Les azotates ou nitrates dérivés de l'azote d'une
manière analogue, et parmi lesquels figure le salpêtre, sont
eux-mêmes des substances qu'on ne peut administrer qu'a-
vec circonspection, quoique plusieurs d'entre eux soient

des médicaments assez bénins ; mais, malgré les propriétés malfaisantes du phosphore natif ordinaire, les phosphates sont au nombre des principes constituants essentiels des corps organisés, particulièrement des animaux vertébrés, et notamment du corps humain.

C'est principalement sous forme d'acide phosphorique que le phosphore se rencontre dans la nature; mais il est rare que cet acide lui-même se trouve à l'état de liberté ; presque toujours il se présente à l'état de *phosphate*, c'est-à-dire combiné avec une base, telle que la chaux, la magnésie, l'oxyde de fer. Les cendres des os sont formés de 4/5es environ de phosphate de chaux et de 1/5e de carbonate de chaux.

Le *phosphate de chaux* des os (dont la formule chimique est 3 C a O Ph O⁵) est composé comme il suit :

| | |
|---|---|
| Chaux........................................ | 53,85 |
| Acide phosphorique............................. | 46,15 (1). |

Les analyses qu'on va lire montrent, avec une précision suffisante pour notre objet, la place occupée par le phosphore dans l'économie animale.

| | Os de l'homme. | Os du bœuf. |
|---|---|---|
| Matière organique........................ | 33,30 | 33,30 |
| Sous-phosphate de chaux avec une petite quantité de fluorure de calcium................... | 53,01 | 57,35 |
| Carbonate de chaux........................ | 11,30 | 3,85 |
| Phosphate de magnésie..................... | 1,16 | 2,05 |
| Soude et chlorure de sodium............... | 1,20 | 3,45 |
| | 100,00 | 100,00 |

| | Dent d'homme. | Dent de bœuf. |
|---|---|---|
| Matière cartilagineuse..................... | 28,0 | 31,0 |
| Phosphate de chaux avec fluorure de calcium.. | 64,3 | 63,1 |
| Carbonate de chaux........................ | 5,3 | 1,4 |
| Phosphate de magnésie..................... | 1,0 | 2,1 |
| Soude et un peu de chlorure de sodium....... | 1,4 | 2,4 |
| | 100,0 | 100,0 |

La partie de la dent qui excède la gencive est recouverte

(1) Regnault, *Cours élémentaire de chimie*, t II, p. 211.

d'un émail blanc, fort dur, et presque entièrement composé de phosphate de chaux, de carbonate de chaux et d'une petite quantité de fluorure de calcium. Les écailles de poisson renferment 40 à 50 0/0 de phosphate calcaire, 3 à 10 0/0 de carbonate de chaux, et 40 à 55 0/0 de matière organique.

100 parties de chair de bœuf donnent par l'incinération environ 1 1/2 partie de sels composés principalement de phosphate, de potasse, de soude, de chaux et d'une petite quantité de chlorures alcalins (1).

Dans ces analyses, nous voyons apparaître avec le phosphore un autre corps simple, le fluor, combiné avec le métal de la chaux sous forme de fluorure de calcium ; et, si les analyses chimiques n'étaient pas susceptibles d'une certitude irréfragable, on pourrait trouver quelque chose de paradoxal à soutenir avec M. Berzélius que ce corps, dont l'énergie extrême comme poison lui avait fait donner par M. Ampère le nom de *phthore* (2), est surtout abondant dans l'émail de nos dents, qui lui doit peut-être en partie sa dureté, son poli et sa blancheur.

L'acide phosphorique, dont les analyses précédentes montrent toute l'importance pour l'économie animale, est fourni aux animaux par leur nourriture. Ces analyses font voir que la viande en renferme une proportion assez notable, car le centième et demi de sels que la chair de bœuf laisse après son incinération contient près de la moitié de son poids d'acide phosphorique, soit environ 6 à 7 millièmes du poids de la viande.

Le pain en renferme aussi, mais dans une proportion près de moitié moindre que la viande.

M. Rivot, professeur de chimie à l'école impériale des mines, a été chargé, dernièrement, par M. le ministre de l'agriculture, du commerce et des travaux publics, de faire,

---

(1) Regnault, *ibid.*

(2) **Du grec *phthora*, corruption, destruction, ruine, le substantif grec venant lui-même de *phtheiro*, perdre, corrompre, détruire, ruiner, violer, quelquefois incendier.

dans le laboratoire de l'école, l'examen d'un grand nombre de farines et de pains, et il a publié, sur ce sujet, une note pleine d'intérêt dans le cahier de mai 1856 des *Annales de chimie et de physique*. La note de M. Rivot se termine par un tableau numérique de la composition des cendres de dix échantillons de pains ordinaires (dits *pains de maçon*) pris chez différents boulangers de Paris. Ce tableau est trop étendu pour être reproduit ici; je me borne à en extraire les chiffres suivants :

|  | Proportion de cendres pour 100 du pain. | Quantité d'acide phosphorique p. 1 de cendre. |
|---|---|---|
| Pain n° 1 | 0,705 | 0,500 |
| Pain n° 2 | 0,621 | 0,457 |
| Pain n° 3 | 0,639 | 0,431 |
| Pain n° 4 | 0,783 | 0,497 |
| Pain n° 5 | 0,628 | 0,434 |
| Pain n° 6 | 0,676 | 0,452 |
| Pain n° 7 | 0,600 | 0,438 |
| Pain n° 8 | 0,711 | 0,468 |
| Pain n° 9 | 0,613 | 0,443 |
| Pain n° 10 | 0,645 | 0,432 |
| Moyennes | 0,662 | 0,455 |

Ces chiffres montrent que le *pain de maçon* de Paris contient environ les 2/3 d'un centième ou 66 dix-millièmes de son poids de cendres, lesquelles, comme celles du Blé, contiennent environ 46 pour 100, c'est-à-dire près de la moitié de leur poids d'acide phosphorique. Cet acide forme, par conséquent, *trois millièmes environ du poids du pain*.

Les Pommes de terre, les légumes et les autres substances qui entrent dans la nourriture des hommes et des animaux en contiennent aussi, quoique dans une proportion plus faible que le pain.

Dans son utile et savant ouvrage sur les substances alimentaires, publié au commencement de cette année (1856), M. Payen donne (p. 110) un tableau de la composition immédiate de dix espèces de grains, duquel il résulte que sur 100 parties on y trouve les quantités suivantes de matières minérales, comprenant des phosphates de magnésie et de chaux, du sulfate de potasse, des traces de chlorures de potassium et de sodium, du soufre et de la silice :

| | |
|---|---|
| Blé dur de Venezuela | 3,02 |
| Blé dur d'Afrique | 2,71 |
| Blé dur de Taganrog | 2,85 |
| Blé demi-dur de Brie | 2,75 |
| Blé blanc touselle | 2,12 |
| Seigle | 2,60 |
| Orge | 3,10 |
| Maïs | 1,25 |
| Riz | 0,90 |

Plus loin (p. 146), il donne de même la composition immédiate des Pommes de terre de grande culture (variété dite *Patraque jaune*); on y trouve, sur 100 parties, 1,56 de sels à bases minérales comprenant des pectates, citrates, phosphates, silicates de chaux, magnésie, potasse, soude.

D'après l'un de nos plus savants agronomes, M. Boussingault, les cendres données par l'incinération de diverses sortes de grains contiennent, sur 100 parties, les quantités ci-après d'acide phosphorique :

| | |
|---|---|
| Froment | 24,1 à 57,3 |
| Orge | 16,7 à 38,5 |
| Avoine | 14,9 |
| Maïs | 50,1 |
| Pois | 30,1 à 40,6 |
| Fèves | 34,2 à 37,9 |
| Haricots | 26,8 |

Les feuilles et les racines des mêmes végétaux en contiennent aussi, mais dans une proportion beaucoup moindre ; ce qui montre que c'est surtout pour la formation des graines que cette substance est nécessaire.

Les cendres de Pommes de terre en contiennent seulement 11,3 ; celles des Betteraves, 6,0 ; celles des Navets, 6,1 ; celles de la paille de Froment, 3,1 à 4,1 (1).

M. Berthier, qui, depuis un demi-siècle, n'a laissé échapper aucune occasion d'éclairer par l'analyse minérale les

_______________

(1) Boussingault, *Économie rurale*, t. I, p. 94.

questions qui intéressent la science ou l'industrie, a publié, en 1854 , dans les *Mémoires de la Société impériale et centrale d'agriculture*, un grand et important travail dans lequel il donne les analyses des cendres de cent vingt espèces environ de substances végétales de toutes sortes, telles que bois, feuilles, tiges, graines. Toutes, sans exception, contiennent de l'acide phosphorique, mais dans des proportions très-diverses. Les graines, et particulièrement celles des céréales, sont les substances dont les cendres en renferment le plus (1).

Vingt ans auparavant, M. Berthier avait déjà donné, dans son savant *Traité des essais par la voie sèche*, la composition des cendres de trente-quatre espèces de bois et de cinq espèces de plantes. Toutes contenaient aussi de l'acide phosphorique en quantité plus ou moins grande (2).

Il est donc rigoureusement constaté que *la nature végétale tout entière est pénétrée d'acide phosphorique*. Il y est cependant en proportion très-variable, et les substances reconnues de tout temps comme les plus nutritives sont généralement celles qui en contiennent le plus.

C'est de là que les animaux et l'homme tirent l'acide phosphorique qui entre dans la constitution de leurs organes, et particulièrement dans la composition de leurs os et de leurs dents. Les substances végétales, où l'acide phosphorique est en faible proportion, ne peuvent être qu'une nourriture imparfaite. 1 kilogramme de bonbons renferme moins de particules véritablement nutritives que 1 kilogramme de viande, de pain ou de Haricots, et les personnes qui se préoccupent, à tort peut-être, de l'idée que les conscrits de la classe de 1855 seraient moins grands, en moyenne, que les soldats de la première réquisition doi-

---

(1) Berthier, *Analyses comparatives des cendres d'un grand nombre de végétaux, suivies de l'analyse des différentes terres végétales.* Paris, madame veuve Bouchard-Huzard, 1854.

(2) Berthier, *Traité des essais par la voie sèche*, t. I, p. 262-268, 1834.

vent être portées à faire des vœux pour qu'il n'y ait jamais pénurie d'acide phosphorique dans l'alimentation de la jeune génération.

Quant aux plantes, on ne peut expliquer comment elles en contiennent qu'en admettant qu'elles le tirent de la terre végétale. L'acide phosphorique y existe en effet, mais en proportion très-faible. On l'y découvre lorsqu'on en fait l'analyse avec une précision suffisante pour ne laisser échapper aucun de ces éléments, même les moins abondants et les moins saillants par leurs caractères, car l'acide phosphorique et les phosphates, qui sont des substances blanchâtres ou ternes, sans affinités très-vives, ne se trahissent que lorsqu'on les y force par des réactions chimiques spécialement combinées pour produire cet effet.

M. Berthier présente, à la fin de son ouvrage déjà cité, l'analyse d'une terre de laisse de mer de Furnes. Elle lui a donné sur **100** parties :

| | |
|---|---:|
| Sable quartzeux | 44,0 |
| Grains calcaires | 1,0 |
| Argile | 38,0 |
| Oxyde de fer | 4,5 |
| Phosphate de chaux | 0,5 |
| Carbonate de chaux invisible | 1,5 |
| Matières organiques | 4,5 |
| Eau | 6,0 |
| | **100,0 (1)** |

M. Boussingault a consigné dans son excellent *Traité d'économie rurale* l'analyse suivante d'une terre fertile destinée à la culture du Lin en Hollande. Après dessiccation , elle a donné sur **100** parties :

| | |
|---|---:|
| Sable quartzeux | 60,96 |
| Argile | 17,08 |
| Potasse | 0,58 |
| Soude | 0,31 |
| Peroxyde de fer | 6,05 |
| Oxyde de manganèse | traces. |

(1) Berthier, *loc. cit.*, p. 128.

Alumine.................................................... 5,63
Chaux...................................................... 3,04
Magnésie.................................................. 0,10
Acide sulfurique........................................ 0,02
Acide phosphorique.................................... 0,16
Chlorure de sodium.................................... 0,23
Matières organiques et eau........................... 5,84

100,00 (1)

Cette terre est moins riche en acide phosphorique que celle de Furnes, car **0,16** d'acide phosphorique correspondent à **0,35** de phosphate de chaux, et la terre de Furnes en a donné **0,50** à M. Berthier.

Mais, quoique ces deux terres ne renferment qu'un demi-centième et un tiers de centième d'acide phosphorique, il y a lieu de présumer qu'elles sont, à cet égard, d'une richesse exceptionnelle. M. Boussingault rapporte, en effet, plusieurs autres analyses de terres végétales dans lesquelles la présence de l'acide phosphorique est mentionnée sans que sa proportion soit indiquée, et d'autres plus nombreuses encore dans lesquelles il est complétement omis, de même que dans la plupart de celles que M. Berthier a publiées. On doit être porté à présumer que dans toutes ces terres la proportion d'acide phosphorique est plus faible encore que dans celles où on a pu en déterminer la proportion. Il est vrai que cette conclusion n'est pas nécessaire, parce que, pour trouver une faible proportion d'acide phosphorique, il faut en faire une recherche toute spéciale ; mais on peut naturellement conjecturer que si un chimiste comme M. Berthier, qui depuis trente ans s'est plu à mesurer dans plus de cent soixante variétés de cendres la proportion de l'acide phosphorique, l'a laissé se perdre, dans vingt-cinq analyses de terres végétales, parmi les résidus insaisissables, c'est que réellement il ne s'y trouvait qu'en proportion très-minime.

Cela suffit pour faire concevoir que, l'acide phosphorique étant indispensable à la végétation, c'est une substance au

---

(1) Boussingault, *Économie rurale*, 2ᵉ édition (1851), t. I, p. 628

sujet de laquelle il y a lieu de compter, et que si, par des récoltes successives, on en prélève sur la terre d'un champ des quantités appréciables, on est exposé à l'appauvrir par degrés, et même finalement à l'épuiser. Les composés d'oxygène, d'hydrogène, de carbone, d'azote, qui jouent un rôle prépondérant dans la végétation, peuvent se transformer les uns dans les autres d'une manière très-variée et souvent mystérieuse, mais les mystères de la végétation ne paraissent pas avoir la vertu d'opérer la transmutation des corps simples les uns dans les autres, transmutation caractérisée depuis longtemps sous le nom de *pierre philosophale*.

Si donc on regarde comme prudent de ne pas compter sur l'accomplissement de ce *grand œuvre*, auquel l'alchimie elle-même avait fini par renoncer, on devra s'occuper de rendre aux terres, par les engrais, autant de phosphore ou d'acide phosphorique qu'on leur en enlève par les récoltes ; et c'est là une des justifications les plus solides de ce précepte antique, et du reste peu contesté, que, si on veut faire croître une belle récolte dans un champ, il faut *commencer par le bien fumer*.

Les engrais contiennent toujours, en effet, une certaine proportion d'acide phosphorique. M. Berthier donne, à la fin de son dernier ouvrage, les analyses de quatre espèces de terreau employées à Paris pour les jardins. Il y a trouvé de 3,6 à 7 pour 100 de phosphates de chaux et de fer, ou, ce qui revient au même, de 1,5 à 3,3 pour 100 d'acide phosphorique. D'après les analyses données par M. Boussingault dans son *Traité d'économie rurale*, on voit que le fumier de ferme ordinaire, *le fumier moyen*, lorsqu'il a été desséché, contient, sur 100 parties, 1,45 d'acide phosphorique. D'autres engrais en contiennent moins, mais quelques-uns en renferment beaucoup plus. Le tourteau de Colza en contient, sur 100 parties, 4,34 ; la poudrette, jusqu'à 4,80 ; le guano, jusqu'à 22,00 ; la poudre d'os, jusqu'à 24,00 ; le noir animal, jusqu'à 33,50 (1).

(1) Boussingault, *Économie rurale*, t. II, p. 121.

M. Boussingault présente ainsi, dans son savant ouvrage, les résultats de l'examen chimique de cent vingt-huit espèces de matières susceptibles d'être employées comme engrais. Il fait connaître la proportion d'azote et la proportion d'acide phosphorique contenues dans chacune d'elles, et il donne pour chacune d'elles son équivalent en fumier ordinaire, sous le rapport soit de l'azote, soit de l'acide phosphorique, qui se trouvent signalés par la forme seule du tableau comme étant en quelque sorte les *deux pivots de la science des engrais*.

C'est d'une manière purement occasionnelle que nous faisons mention de l'azote dans un article spécialement consacré au phosphore. Au point de vue du phosphore, on conçoit, d'après ce qui précède, que rien n'était plus rationnel que de chercher à rendre la masse des engrais dont peut disposer l'économie rurale plus riche en acide phosphorique, en y introduisant des matières industrielles ou minérales qui en continssent une forte proportion; mais, quelque naturelle que soit cette idée, peut-être les essais tentés dans cette voie par l'agriculture n'ont-ils pas été inspirés, dans l'origine, par des considérations aussi scientifiques.

### HISTORIQUE.

On a remarqué, de temps immémorial, que les débris organiques de toute espèce ont la propriété de fertiliser les terres. Le fumier les engraisse; les cendres y activent la végétation, même celles qui, par la lessive, ont été privées de potasse et auxquelles, dans quelques provinces, on donne le nom de *charrée*. Beaucoup d'autres substances, provenant de la nature organique, ont été employées avec succès dans un but analogue. Les os des animaux ne pouvaient manquer d'avoir leur tour dans cette série d'essais.

D'habiles agriculteurs du nord de l'Angleterre, guidés peut-être par des pratiques et des expériences plus anciennes, reconnurent, en effet, il y a quelque trente à trente-cinq ans, que les os réduits en poudre d'une consistance terreuse (*bone earth*, terre d'os) étaient un engrais puissant. Ils employèrent d'abord tous les os que les bouchers de l'Angleterre pouvaient fournir ; puis ils en demandèrent au continent. De nombreuses cargaisons d'os furent expédiées à Hull des ports de la mer du Nord, et notamment de ceux de la Belgique. Le prix qu'on en donnait les fit tellement rechercher, qu'on prétendit, à tort peut-être, que des champs de bataille célèbres n'avaient pas été à l'abri des atteintes de la spéculation.

Le noir animal, préparé pour les raffineries de sucre par la calcination des os, fut lui-même employé dans l'agriculture, et son emploi est peut-être antérieur de quelques années à celui des os simplement pulvérisés. En s'occupant de 1813 à 1820, d'introduire le noir animal (*charbon d'os*) dans l'extraction et le raffinage du sucre, M. Payen observa et fit connaître les avantages que présentent les résidus appliqués à l'agriculture (1), annonçant, dès lors, que cet engrais ne pouvait manquer d'être bientôt employé en totalité et fort utilement. Dès 1822, on essaya d'utiliser aux environs de Nantes les énormes dépôts de noir animal qui, après avoir servi à la clarification des sucres, s'accumulaient, inutiles et gênants, aux abords des raffineries de cette ville ; et, moins de quinze ans après, malgré l'esprit de routine des cultivateurs de cette contrée, malgré une hausse énorme de prix, Nantes, ne pouvant plus suffire aux demandes incessantes de l'agriculture bretonne et vendéenne, s'adressait à tous les centres de raffineries de sucre de France et de l'étranger, et importait annuellement environ 17 millions de kilogrammes de noirs résidus. Le commerce des engrais à Nantes consiste principalement dans la vente du noir animal. Les transactions sur cette substance, principalement de mars à septembre, présentent une

---

(1) *Mémoire sur les charbons et la théorie de l'action du noir animal* extrait des *Annales de l'industrie*, 1822, t. VI, p. 149, voyez p. 8, 52 et 55 du tirage à part.

activité dont il est difficile de se faire une idée lorsqu'on n'en a
pas été témoin. On voit arriver dans ce port les résidus de la
clarification des raffineries de Paris, de Bordeaux, de Mar-
seille, de Livourne, du Havre, d'Orléans, de Londres, de
Hambourg, d'Amsterdam, de Stettin, de Kœnigsberg, de Ve-
nise, etc.; les noirs en grains de Saint-Pétersbourg, de Riga,
de New-York ; les résidus de la révivification et du blutage des
sucreries indigènes; les noirs fins provenant de la carboni-
sation des os après extraction de la gélatine ; les produits de
la calcination des déchets des boutonneries, etc. Toutes ces
substances forment par an un total de 17 millions de kilogrammes environ, savoir : 7 millions de noir animal de provenance étrangère, et 10 millions de noir animal d'origine
française. D'abord le prix de vente, qui n'était à l'origine
que de 2 fr. l'hectolitre (du poids de 95 kilogrammes), s'est
élevé à 5, à 10, 12 et 14 fr.; en 1855, il a été compris, selon
les qualités, entre 12 et 16 fr., ce qui correspond à 12 fr.
63 c. et 16 fr. 84 c. le quintal métrique (126 à 168 fr. la
tonne). A raison d'un prix moyen de 13 fr., on voit que le
commerce des noirs pour l'agriculture s'élève à Nantes à une
somme annuelle de 2,210,000 fr. La teneur moyenne des
bons noirs en phosphate de chaux est de 60 à 70 pour 100,
c'est-à-dire de 27,69 à 32,31 pour 100 d'acide phosphorique, résultat assez concordant avec celui de M. Boussingault,
qui indique dans le noir fin neuf 33,50 pour 100 d'acide
phosphorique (1).

On a débattu longtemps la question de savoir quel est le
principe fertilisant qui fait du noir animal un engrais si puissant pour les Bruyères récemment défrichées de la Bretagne
et de la Vendée. On n'est pas encore complétement d'accord
sur ce point; on commence cependant à penser généralement que c'est au moins en grande partie le phosphate de
chaux (2).

(1) Boussingault, *Économie rurale*, t. II, p. 124.
(2) Extrait d'un article de MM. Barral et Moll, inséré dans *le Journal
d'agriculture pratique* (cahier du 20 février 1856).

Quoique l'utilité agricole des os pulvérisés n'ait peut-être été constatée d'abord que d'une manière empirique, on ne tarda pas beaucoup à reconnaître que le phosphate de chaux qu'ils contenaient était le principe de leurs propriétés fertilisantes, et, ne pouvant se procurer autant d'os que l'agriculture en réclamait, on songea à se servir de phosphate de chaux d'une autre provenance.

Les ouvrages de minéralogie ayant fréquemment annoncé qu'il existe dans la province espagnole de l'Estramadure un gisement étendu de phosphate de chaux, quelques-uns des principaux membres de la Société royale d'agriculture d'Angleterre pensèrent qu'il serait important de s'assurer de la vérité de ces assertions. En 1843, M. Daubeny, professeur de chimie à l'université d'Oxford, et le capitaine Widdrington, furent chargés de constater dans quel lieu et dans quelles circonstances la substance en question se rencontrait, de s'enquérir des facilités qui pourraient exister dans le pays pour se la procurer et pour la transporter à la côte, et d'examiner si, appliquée à l'amendement des terres, elle serait de nature à pouvoir remplacer la matière provenant des os broyés (*bone earth*), employée, dès lors, en grande quantité dans l'agriculture anglaise.

Le résultat des recherches de MM. Daubeny et Widdrington fut communiqué avec détail à la Société géologique de Londres, dans sa séance du 17 janvier 1844 (1). Le mémoire de ces savants voyageurs dit, en résumé, que le phosphate de chaux forme à Logrosan en Estramadure une couche de 7 à 16 pieds de puissance, intercalée entre des couches de schistes appartenant au terrain paléozoïque (silurien ou dévonien), et, comme ces dernières, inclinée presque verticalement et dirigée du N. N. E. au S. S. O. On peut en suivre l'affleurement sur une longueur de près de 2 milles.

D'après la moyenne des deux analyses faites sur les échan-

----

(1) *Quarterly Journal of the geological Society of London*, vol. I, p. 52.

tillons les plus purs du minerai, il est composé de la manière suivante :

| | |
|---|---:|
| Phosphate de chaux | 81,15 |
| Fluorure de calcium | 14,00 |
| Peroxyde de fer | 3,15 |
| Silice | 1,70 |
| | **100,00** |

Quelque favorable qu'ait été ce résultat quant à la richesse de la substance examinée en phosphate de chaux et à son abondance, il ne paraît pas que jusqu'à présent la phosphorite de l'Estramadure ait été mise en exploitation ; mais les recherches dont elle avait été l'objet contribuèrent, sans doute, à donner l'éveil sur l'emploi possible des phosphates de chaux que le sol même de la Grande-Bretagne renferme et que les géologues avaient mentionnés.

De temps immémorial on exploitait, près des côtes orientales de l'Angleterre, dans les comtés de Suffolk et de Norfolk, un dépôt de coquilles fossiles mêlées de sable appelé *crag*, qu'on employait pour l'amendement des terres. Ce dépôt est analogue, quant à sa composition, au falun de la Touraine, qu'on exploite aussi depuis des siècles pour le même usage. Dans le crag comme dans le falun, les géologues avaient signalé depuis longtemps des ossements d'animaux antédiluviens, et une masse arrondie, trouvée par M. Lyell dans le crag de Southwold en Suffolk et mentionnée par M. Buckland, avait été indiquée par M. le docteur Fitton comme étant probablement de la même nature que les concrétions de phosphate de chaux du gault de Folkstone [Kent] (1).

Le crag supérieur du Suffolk contient constamment des ossements d'éléphant fossile, de rhinocéros, de bœuf, etc. Ces ossements étaient portés sur les terres pêle mêle avec les

---

(1) D$^r$ Fitton, *On the strata below the chalk. Geological Transactions*, 2$^e$ série, vol. 4 . p. 111.

coquilles, et sans doute ils concouraient, à leur manière, à les fertiliser sans qu'on se fût rendu compte de leur effet propre.

On eut l'idée de faire le triage de ces ossements, et on tria en même temps certaines masses arrondies, telles que celles mentionnées ci-dessus et désignées comme coprolithiques, c'est-à-dire comme analogues à des excréments, et dans la composition desquelles le phosphate de chaux dominait de même que dans les ossements.

Au commencement de l'année 1848, M. Wiggins annonça à la Société géologique de Londres que, près *Ramsholt creek*, *Sutton* et en quelques autres points du *Suffolk* appartenant à la formation du crag, on avait trouvé de grandes quantités de dents, d'ossements et de substances coprolithiques. Ces débris, riches en phosphate de chaux, sont maintenant recueillis, dit-il (22 mars 1848), pour être employés dans l'agriculture. On les trouve mêlés avec du sable et du gravier, de 2 à 4 pieds au-dessous de la surface, et par l'exploitation d'une verge carrée (10 ares) on a extrait environ 300 tonnes de ces ossements (1).

Mais il paraît qu'on ne s'est pas borné à les employer en nature et qu'on les mêle avec de l'acide sulfurique. Ce composé est devenu, dit-on, un article régulier de commerce. Il est coté dans les annonces agricoles et offert à raison de 6 à 7 livres sterling (150 à 175 francs la tonne); prix qui, pour le dire en passant, ne s'écarterait que faiblement de celui auquel, comme on l'a vu ci-dessus, les résidus de noir animal sont vendus à Nantes pour le même usage, et qui, comme ce dernier, fait probablement ressortir le prix de l'acide phosphorique, supposé pur, à environ 500 fr. la tonne, ou 50 c. le kilogramme.

C'est là, en apparence, un engrais fort cher, et cependant il est facile de comprendre comment il trouve des acheteurs. Il résulte, en effet, de ce qui précède, que 1,000 kilogrammes

---

(1) Wiggins, *Quart. geol. Journ.*, vol. IV, 1re part., p. 294 (1848).

de pain, qui valent, année moyenne, 250 francs environ, contiennent 3 kilogrammes d'acide phosphorique, ayant une valeur de 1 fr. 50 c. seulement. Si donc il ne manque à la terre d'un champ que de l'acide phosphorique pour qu'il donne une bonne récolte, on voit qu'on peut lui en fournir la dose nécessaire à un prix très-peu élevé comparativement au résultat.

On peut remarquer, en outre, que, si on trouve 300 tonnes de ces phosphates dans une étendue superficielle de 10 ares ou de 1,000 mètres carrés, cela revient à 3/10$^{es}$ de tonne par mètre carré, et en supposant que la pesanteur spécifique de la substance fût la même que celle d'un calcaire un peu poreux, c'est-à-dire égale à deux fois et demie celle de l'eau, cela répondrait à une couche de $\dfrac{3^m}{10.250}$ ou de 12 centimètres d'épaisseur. La valeur vénale de la substance étant, d'après ce qu'on vient de rapporter, beaucoup plus grande que celle de la houille, c'est là un gîte minéral d'une grande richesse et dont l'exploitation est susceptible de donner des bénéfices considérables.

En Angleterre, un pareil fait ne pouvait passer inaperçu. Il reporta immédiatement l'attention sur les gisements de phosphates fossiles qui avaient été indiqués précédemment d'une manière purement scientifique.

MM. Buckland et Conybeare avaient signalé, dès 1822, dans les petites falaises qui bordent le canal de Bristol à Aust-Cliff, près de l'embouchure de l'Avon, une couche du *lias* inférieur tellement riche en débris d'ichthyosaurus et d'autres grands sauriens, qu'elle constitue un véritable conglomérat ossifère (1). Si cette couche, désignée sous le nom de *bone-bed* (couche à ossements), conserve la même richesse sur une étendue un peu grande, elle peut devenir, comme celle du crag, déjà citée, une véritable carrière de phosphate de chaux.

(1) Buckland et Conybeare. — *Mémoire géologique sur les environs de Bristol.* — *Geological Transactions*, 2ᵉ série, vol. I. p. 210.

En 1822, M. le professeur Buckland, en explorant la caverne de Kirkdale, dans le Yorkshire, où il découvrit de nombreux ossements fossiles d'hyènes et d'autres animaux, y trouva aussi des excréments (*album græcum*) d'hyènes reconnaissables par leur forme et par leur composition, dans laquelle dominait le phosphate de chaux, ainsi que cela est naturel pour les animaux dont la nourriture se compose, en partie, des ossements qu'ils rongent (1).

Mais un travail subséquent de l'illustre auteur des ***Reliquiæ diluvianæ*** était destiné à généraliser bien plus encore l'idée d'une diffusion générale du phosphate de chaux d'origine animale dans les couches sédimentaires.

Le 6 février 1829, M. le professeur Buckland lut à la Société géologique de Londres un mémoire devenu non moins célèbre que ses observations dans la caverne de Kirkdale, dans lequel il fit connaître la découverte faite par lui de nombreux *coprolithes* ou *fossil fæces* dans le lias de Lyme-Regis (Dorsetshire). Ces coprolithes étaient les excréments des sauriens dont les ossements trouvés dans les mêmes couches ont été une des plus belles découvertes de la paléontologie. Les sauriens dont il s'agit (*ichthyosaurus* et *plesiosaurus*) étaient carnivores, ou du moins ichthyophages, et on pouvait distinguer dans leurs excréments de nombreux fragments d'ossements. Ces excréments eux-mêmes, composés, sans doute, en grande partie, d'ossements broyés, renfermaient toujours du phosphate et du carbonate de chaux. Le phosphate s'y trouvait dans une proportion constamment assez forte, qui variait du quart aux trois quarts du poids total.

Dans le même mémoire, M. Buckland signale aussi l'existence de coprolithes provenant peut-être en partie de poissons, dans le calcaire carbonifère, dans plusieurs couches du terrain oolithique, dans le sable de Hastings, dans le grès vert, dans la craie et dans différentes couches tertiaires. Il exprime l'opinion que le phosphate de chaux ayant cette

---

(1) Buckland. — *Reliquiæ diluvianæ* (1823).

même origine est beaucoup plus répandu dans les terrains sédimentaires qu'on ne l'avait cru jusque-là, et il rappelle que, entre autres substances d'origine organique, le *guano* contient de l'acide phosphorique (1).

En même temps que les coprolithes, on se rappela aussi les gisements de chaux phosphatée signalés, en France, par M. Berthier, plus anciennement encore et longtemps avant qu'on eût songé à en faire usage dans l'économie rurale.

Le premier numéro du *Journal des mines*, publié en l'an III de la république, indiquait un gisement de pyrites de fer sur la plage du Pas-de-Calais, près de Wissant. Ces pyrites commencèrent, quelque temps après, à être exploitées et donnèrent lieu à un établissement destiné à la fabrication de la couperose ou sulfate de fer, établissement qui ne subsiste plus aujourd'hui. Pendant longtemps on y éprouva les plus grandes difficultés pour faire cristalliser le sulfate de fer. Un chimiste habile, M. Longchamp, en ayant pris la direction, trouva que la matière qui entravait l'opération était du phosphate de fer.

M. Flachat, propriétaire de la fabrique de Wissant, ayant envoyé, en 1818, au laboratoire de l'école royale des mines, des échantillons du dépôt qui se formait dans les chaudières et de toutes les pyrites employées, M. Berthier, professeur de chimie à l'école des mines, en fit l'analyse, et il reconnut que le phosphate de fer était produit par du phosphate de chaux qui était mélangé à une partie des pyrites, et qu'il a trouvé composé de la manière suivante :

| | |
|---|---|
| Phosphate de chaux | 57,4 |
| Carbonate de chaux | 9,2 |
| Argile calcinée | 21,4 |
| Matière noire combustible, environ | 3,0 |
| Eau et perte | 9,0 |
| | 100,0 |

On n'avait pas encore trouvé la chaux phosphatée en France,

(1) M. Buckland, *Geological Transactions*, 2ᵉ série, vol. III, p. 223.

ajoute M. Berthier ; son existence dans un terrain aussi nouveau est remarquable. La variété de Wissant devra être nommée *chaux phosphatée argilo-bitumineuse* (1). Le savant professeur a publié, sur ce sujet, en **1819**, dans les *Annales des mines*, un mémoire fort intéressant, dont je citerai plus loin quelques passages.

En **1820**, M. Berthier publia encore dans le même recueil l'analyse des nodules de chaux phosphatée qui se trouvent dans la craie chloritée du cap *la Hève*, près le Havre (2).

Ces nodules sont d'un gris foncé nuancé d'une légère teinte de vert ; ils ont une cassure grenue et terne ; leur grosseur varie depuis celle d'un grain de Millet jusqu'à celle d'une Noix ; leur forme est arrondie et irrégulière ; ils se détachent nettement de la craie : ces deux substances ne sont jamais fondues l'une dans l'autre. Ils sont composés de

| | |
|---|---:|
| Phosphate de chaux | 57,3 |
| Carbonate de chaux | 7,0 |
| Carbonate de magnésie | 2,0 |
| Silicate de fer et argile | 25,3 |
| Eau et matière bitumineuse | 7,5 |
| | 99,1 |

Outre la chaux phosphatée terreuse ordinaire, M. Berthier a aussi décrit, sous le nom de *phosphate de chaux graphiteux,* des nodules disséminés dans les argiles schisteuses noires faisant partie des terrains crétacés inférieurs de la Normandie. D'après sa composition, de même que d'après son gisement, ce phosphate de chaux graphiteux se rapproche beaucoup de ceux de Wissant et du cap la Hève. Il n'en est, sans doute, qu'une variété, et il est probablement aussi d'origine organique (3).

---

(1) Berthier, *Annales des mines*, 1ʳᵉ série, t. IV, p. 631, 1819.
(2) Berthier, *Annales des mines*, 1ʳᵉ série, t. V, p. 197, 1820.
(3) Dufrénoy, *Traité de minéralogie*, 2ᵉ édition, t. II, p. 399, 1856.

Dans ces dernières années, on a reconnu, dit M. Dufrénoy, « que les rognons de la chaux phosphatée du cap la Hève, près le Havre, sont des coprolithes par leur forme comme par leur composition. Au milieu de rognons informes, on en trouve où la disposition en spirale, signalée par M. Buckland, est très-prononcée. Souvent aussi, en désagrégeant ces rognons on a trouvé des fragments d'os, et même des dents d'animaux qui ont servi de pâture à ceux dont les coprolithes sont les restes.

« La partie inférieure du terrain de craie est, sur quelques points, très-riche de ces produits organiques. Depuis qu'on a reconnu que l'acide phosphorique joue un grand rôle dans la composition des plantes, et notamment dans celle des céréales, qui contiennent de 0,015 à 0,018 pour 100 de phosphates divers, on les exploite sur la côte de Surrey, en Angleterre, pour l'amendement des terres. Ces coprolithes ne peuvent se fondre à la manière de la marne; pour les répandre sur la terre et les assimiler au sol, on les réduit en poudre dans des moulins analogues à ceux qu'on emploie pour le café, mais construits sur une grande échelle. J'ai constaté, continue toujours M. Dufrénoy, les importants résultats que cette addition de chaux phosphatée produit sur le rendement des terres à Blé; des terres qui donnaient douze grains pour un de semence en ont produit, deux années de suite, quinze à seize. Mais, tout en constatant l'influence de cet amendement sur la végétation, je n'ai eu aucun moyen de connaître la dépense qu'il nécessite et, par suite, l'avantage réel de son emploi.

« L'exemple de l'Angleterre a été suivi sur quelques points du sol crayeux de la France. Des recherches intéressantes ont été faites sur ce sujet, et je signalerai celles de MM. Meugy et de Lanoue, qui ont montré que l'espèce de tuf, désignée, dans le département du Nord, sous le nom de *tun*, contient 35 à 40 pour 100 de phosphate de chaux (1). »

_______________

(1) Dufrénoy, *Traité de minéralogie*, 2ᵉ édition. t. II, p. 398, 1856.

Après ces remarques préliminaires, nous allons donner un tableau aussi complet qu'il nous sera possible de tous les gisements connus de l'acide phosphorique, et plus tard nous essayerons de présenter encore quelques remarques générales.

---

GISEMENTS GÉOLOGIQUES DES COMPOSÉS DU PHOSPHORE.

Des gisements de chaux phosphatée analogues à ceux de l'Artois et de la Normandie existent en Angleterre dans des positions correspondantes. Ils ont été signalés avec beaucoup de soin par M. le docteur Fitton, dans son important travail sur les couches inférieures à la craie, et par d'autres auteurs.

L'île de Wight en présente aux deux extrémités de l'*undercliff* pittoresque qui forme le rivage de la Manche.

Vers l'ouest, à Atherfield, on trouve, dit M. le docteur Fitton, dans les couches les plus basses, du grès vert inférieur, de grandes masses concrétionnées ayant leur surface sillonnée de petites érosions tubulaires et contenant une forte proportion de phosphate de chaux. Elles donnent, au moment de leur dissolution dans un acide, une odeur de coprolithe (1).

A l'extrémité orientale de l'undercliff se présentent d'autres gisements de chaux phosphatée. Près de Shanklin et de Black-gang-chine, on a trouvé, dans le Shanklin-sand (grès vert inférieur), dit M. Nesbit, des masses noduleuses, coquillières, d'une couleur ferrugineuse foncée. L'examen de ces substances m'a montré, continue l'habile chimiste, qu'elles contiennent de l'acide phosphorique dans la proportion de 15 pour 100 au moins (correspondant à 32 pour 100 de

---

(1) Dr Fitton, *On the strata below the chalk. Geological Transactions*, 2e série, vol. IV, p 181.

phosphate de chaux), et même probablement dans une proportion plus considérable (1).

Sur la terre ferme de l'Angleterre, au pied septentrional des Southdowns, des masses de phosphate de chaux approchant des coprolithes, dit M. le docteur Fitton, par la forme et par beaucoup de leurs caractères chimiques, ont été trouvées, par M. Martin, à la briqueterie de Stopham, près Pulborough (Sussex), dans des cavités de la surface du Weald-Clay. Elles sont tellement mêlées avec des fossiles du grès vert inférieur, que le tout doit probablement avoir appartenu à cette formation (2).

Dans la vallée de Wardour, qui entame l'extrémité occidentale de craie, à Lower-Donhead (Wiltshire), au-dessous de Lindhurst, à 26 kilomètres à l'ouest de Salisbury, le gault, suivant M. le docteur Fitton, contient des ammonites avec des masses de phosphate de chaux en forme de coprolithes (3).

Beaucoup plus au nord, à la ferme de Mosshill, située à quelques kilomètres au sud du phare de Hunstanton, bâti à l'entrée du Wash, sur la pointe extrême du massif crétacé du Norfolk, le gault renferme encore, d'après M. le docteur Fitton, avec un grand nombre de bélemnites, avec quelques ammonites, etc., des rognons de chaux phosphatée en forme de coprolithes (4).

A la pointe sud-est de l'Angleterre, à l'extrémité occidentale des roches de craie blanchâtre auxquelles la Grande-Bretagne doit son antique surnom d'*Albion*, les mêmes couches argileuses du gault affleurent à Folkstone, sur la rive septentrionale du Pas-de-Calais, et se prolongent vers le nord-ouest, dans l'intérieur du comté de Kent. Dans toutes ces

---

(1) Nesbit, *Quarterly Journal of the geological Society*, volume IV, 1re partie, p. 262. (Séance du 8 mars 1848.)

(2) D' Fitton, *loc. cit.*, p. 181.

(3) *Id., ibid.*, p. 247.

(4) D' Fitton, *loc. cit.*, p. 312.

couches, et particulièrement dans les plus basses, on trouve des nodules de pyrites de fer ainsi que des nodules et des masses irrégulières, dont la composition chimique ressemble à celle des coprolithes. Ces derniers nodules sont souvent mélangés de pyrites et traversés, comme les septarias, par des veines de cette substance. Dans leur intérieur, ils présentent, en général, une teinte brune foncée, et leur cassure est unie ou écailleuse comme celle de quelques variétés de silex. La forme de ces nodules est quelquefois très-analogue à celle des coprolithes ; mais, quoiqu'on ait souvent trouvé, dans leur intérieur, des portions de coquilles, M. le docteur Fitton n'a jamais réussi à y découvrir aucun fragment d'os ou d'écailles de poissons. La surface de quelques-unes des masses présente des érosions comme celles qui auraient pu être produites par des vers marins ; ce qui semble indiquer qu'elles ont été exposées à leur action avant d'être enveloppées dans l'argile. D'autres fois elles ont une configuration très-irrégulière, enveloppant ou unissant entre eux différents fossiles, tels que des ammonites, dont l'intérieur est souvent rempli d'une matière de la même composition (1).

On trouve encore de pareils nodules sur la plage de Sandgate (comté de Kent), au sud-ouest de Folkstone.

A 140 kilomètres à l'ouest de Folkstone, et à 33 kilomètres au sud-sud-ouest de Windsor, dans le comté de Surrey, plus central que les précédents, aux environs de la petite ville de Farnham, le gault, près de son contact avec les sables du grès vert inférieur sur lesquels il repose, renferme, d'après M. le docteur Fitton, un grand nombre de nodules analogues à ceux des environs de Folkstone, et contenant de même une forte proportion de phosphate de chaux (2).

Les documents que je viens de transcrire et qui embrassent presque toute l'étendue du terrain crétacé inférieur dans le midi de l'Angleterre sont restés pendant longtemps,

---

(1) D' Fitton, *loc. cit.*, p. 111.
2) D' Fitton, *loc. cit.*, p. 115.

comme je l'ai déjà dit, dans le domaine de la science pure;
mais, à partir de 1847, ils ont commencé à devenir le point
de départ d'essais pratiques, dont les résultats utiles sont
appelés, suivant toute apparence, à prendre un grand développement.

Ainsi que l'a remarqué M. le docteur Fitton, les concrétions du gault, dans le Kent, sont évidemment de la même
nature que celles du Havre et de Wissant, que M. Berthier a
analysées, et dans lesquelles il a trouvé environ 57 pour 100
de phosphate de chaux avec une proportion considérable
de carbonate de chaux. A la prière de M. Fitton, un chimiste
très-exercé en cette matière, M. le docteur Prout, a bien
voulu examiner quelques-unes des concrétions trouvées dans
le gault du Kent et de la vallée de Wardour, ainsi que celles
d'Atherfield, et il a trouvé que toutes contiennent du phosphate de chaux uni à du carbonate de chaux et à de l'oxyde
de fer en diverses proportions, les variétés foncées en cou-
leurs étant les plus riches en acide phosphorique. Toutes ont
donné aussi plus ou moins, lors de leur dissolution dans l'a-
cide hydrochlorique, l'odeur particulière aux coprolithes.
Dans l'opinion de M. le docteur Fitton, on pourrait difficile-
ment douter qu'elles proviennent de débris d'animaux,
quoiqu'on n'y aperçoive aucune trace de texture osseuse (1).

Vers l'époque où des agronomes anglais faisaient explorer
les gisements de phosphate de chaux de l'Estramadure par
MM. Daubeny et Widdrington, on reconnut, dans le Surrey,
que l'emploi des os pulvérisés et d'autres matières riches en
acide phosphorique ne procurait aucun avantage à l'agriculture lorsqu'on les répandait sur les terres assez fertiles
par elles-mêmes, dont le sous-sol appartient à certaines
assises des grès verts supérieur et inférieur. Cela devait
faire soupçonner que le phosphate de chaux, qui est l'élément fertilisant des os pulvérisés, se trouvait naturellement dans ces terres en proportion suffisante, idée à la-

_______________

(1) Fitton, loc. cit., p. 111.

quelle les remarques de M. le docteur Fitton avaient déjà préparé les esprits.

Un chimiste exercé, M. J. C. Nesbit, dont j'ai déjà cité le nom, s'occupa immédiatement de recueillir des sols et des roches de ces cantons, dans le but de faire des recherches chimiques sur l'origine de leur fertilité. Il reçut, entre autres, de Farnham des échantillons d'une marne fertile située dans les propriétés de M. J. M. Paine. Un examen rapide lui révéla la présence, dans cette marne, d'une proportion inaccoutumée d'acide phosphorique, et, en novembre 1847, il communiqua à M. Paine la découverte qu'il avait faite à cet égard.

On retira de cette marne, par le moyen du lavage, des substances évidemment coprolithiques, contenant **28** pour **100** d'acide phosphorique, ce qui correspond à **60,67** de phosphate de chaux. La masse générale de la marne contenait **2** à **3** pour **100** de cet acide, représentant **4,33** à **6,50** pour **100** de phosphate.

L'examen de quelques nodules provenant du gault de Maidstone, qui lui avaient été envoyés par M. G. Whiting, fit reconnaître également à M. Nesbit la présence de **28** pour **100** d'acide phosphorique, équivalant à **60,67** de phosphate de chaux.

Toutes les substances examinées contenaient aussi de la matière organique et du fluor, quelques-unes même en grande quantité. J'ai analysé qualitativement au moins une douzaine d'autres sols et roches de ces formations, dit toujours le même chimiste, et je ne les ai jamais trouvés dépourvus d'acide phosphorique. Ainsi, par exemple, la roche d'un rouge de fer sombre qu'on trouve en masses dans la partie supérieure du grès vert inférieur, à Hind-Head et dans quelques autres localités, contient **0,69** pour **100** d'acide phosphorique (1).

---

(1) J. C. Nesbit, *Quarterly Journal of the geological Society*. Vol. IV. 1ʳᵉ partie, p. 262. (Séance du 8 mars 1848.)

En février 1848, un article de M. Paine, de Farnham, publié dans les journaux anglais, attira l'attention sur le fait que le phosphate de chaux, dont les géologues avaient seulement mentionné l'existence dans les couches du terrain crétacé inférieur des comtés de Kent et de Surrey, *avait été employé avantageusement par lui pour remplacer, dans l'agriculture, les os pulvérisés*, et qu'il existe en quantités suffisantes pour avoir une valeur économique (1).

Sir Henry T. de la Beche, le savant et zélé fondateur du *Museum of economical geology*, et alors directeur général du *Geological Survey*, s'est plu à rappeler ces résultats, avec la lucidité concise qui caractérisait son style, dans le discours anniversaire qu'il a prononcé, en sa qualité de président, devant la Société géologique de Londres, le 16 février 1849 (2). Il raconte en même temps que l'annonce faite par M. Paine avait conduit un géologue distingué, M. Austen, connu par d'importants travaux antérieurs, et qui habite la ville de Guildford (Surrey), à 17 kilomètres de l'E. de Farnham, à examiner le gisement du phosphate de chaux dans cette contrée.

Dans une notice publiée à la suite de cette exploration, M. Austen annonce que, dans les environs de Guildford, les nodules de phosphate de chaux sont répandus en grand nombre dans le grès vert supérieur, mais qu'ils sont généralement petits dans les couches les plus élevées. Au-dessous on trouve les assises du *firestone* ou *malm-rock*, dont l'épaisseur est de 20 à 25 pieds; et au-dessous de ces dernières on voit reparaître d'autres couches fortement colorées en vert par la glauconie et dont une partie est argileuse : cette bande verte inférieure appartient au gault. Les con-

---

(1) *Quarterly Journal of the geological Society*, vol. IV, 1re partie, p. 257. (Séance du 8 mars 1848.)

(2) *Quarterly Journal of the geological Society*, vol. V, p. 82. Sir Henry T. de la Beche est mort à Londres, le 13 avril 1855, trois jours après avoir expédié à Paris la belle carte géologique de l'Ordonnance qu'on a vue figurer pendant six mois dans le palais de l'industrie.

crétions de phosphate de chaux ne sont pas répandues uniformément dans l'épaisseur de cette masse comme dans le grès vert supérieur, mais elles se présentent en deux veines, situées, l'une dans les parties argileuses, et l'autre plus bas et à une petite distance de la limite inférieure de cette division de la série crétacée. Ces deux couches de nodules de phosphate de chaux, aussi bien qu'une veine de pyrite qui, dans les sections exposées à l'air, produit une bande brune dans le dépôt du gault, sont remarquablement persistantes. L'ordre de succession de ces couches est constant sur une longueur de 20 milles (37 kilomètres) à la base des coteaux des North-downs (1). Les couches chloritées renfermant de nombreux nodules de phosphate de chaux exploités par M. Paine, près de Farnham, appartiennent aux assises les plus élevées du grès vert supérieur, lesquelles sont recouvertes immédiatement par les assises inférieures de la craie blanche.

Les nodules de phosphate de chaux trouvés près de là dans le gault ont donné de 80 à 90 pour 100 de phosphate de chaux (2).

Il paraît que les travaux ultérieurs n'ont fait que confirmer tout ce qui vient d'être rapporté, car M. Lyell s'exprime de la manière suivante, dans son Manuel de géologie élémentaire publié en 1855 :

« Le phosphate de chaux trouvé près de Farnham (Surrey), avec assez d'abondance pour que les agriculteurs puissent l'employer sur une grande échelle à la fertilisation des terres, se trouve exclusivement, d'après M. Austen, dans le grès vert supérieur et dans le gault. Il est indubitablement d'origine animale et en partie coprolithique, provenant probablement d'excréments de poissons (3). »

(1) Austen, *Quarterly Journal of the geological Society*, t. IV, 1re p., p. 258. (Séance du 8 mars 1848.)

(2) Austen, *Quarterly Journal of the geological Society*, t. IV, 1re partie, p. 261. (Séance du 8 mars 1848.)

(3) Lyell, *Manuel of elementary geology*, p. 252, 1855.

Le nord de la France participe aux richesses minérales
dont nous venons de parler, de même qu'à la constitution
géologique du S. E. de l'Angleterre, et on pourrait également les y utiliser.

Nous avons déjà vu que la chaux phosphatée terreuse a
été signalée pour la première fois en France par M. Berthier, d'après des échantillons recueillis à Wissant, sur la
rive méridionale du Pas-de-Calais, en regard età 38 kilom.
au S. E. de Folkstone.

On exploitait pour l'établissement de Wissant, dit M. Berthier dans le mémoire déjà cité (1), diverses variétés de pyrites qu'on trouvait sur la plage même du Pas-de-Calais,
entre le cap Blanc-Nez et le cap Gris-Nez. La plupart de ces
variétés paraissent provenir, par suite de l'éboulement pro-
gressif de la falaise, de divers bancs de craie blanche, de la
craie marneuse et de la craie chloritée ; mais la variété la plus
remarquable se trouve sur la plage, à peu de distance de
Wissant, entre ce village et Saint-Pol.

Cette variété, continue M. Berthier, se présente en masses
globuleuses ordinairement de la grosseur du poing, hérissées
de cristaux de pyrites mal prononcés, cloisonnées à l'intérieur et présentant des veines de pyrite ordinaire cristalline
et brillante, au milieu d'une matière pierreuse, compacte,
grenue ou écailleuse, noire ou grise, et souvent traversée par
de petits filons de chaux carbonatée laminaire blanche. Ce
minéral poli, ajoute M. Berthier, produirait un fort bel effet ;
il est très-abondant, on le trouve en couche horizontale sous
des matières d'alluvion.

Je l'ai trouvé moi-même, en fragments roulés, parmi les
galets de silex répandus sur la plage ; ces galets, ainsi que le
sable de la plage et le sable des dunes, recouvrent l'effleure-
ment de la couche, qui me paraît devoir se trouver vers la
jonction du grès vert inférieur avec la masse argileuse du

----

(1) Berthier , *Annales des mines*, 1re série, t. IV, p. 629, 1819.

gault qui le recouvre et qui s'étend vers Saint-Pol, où elle s'enfonce sous la craie chloritée et la craie blanche.

Il est aisé, dit M. Berthier, d'en extraire de la matière pierreuse pure par le triage. Cette matière pierreuse fait effervescence avec les acides, qui en dissolvent la plus grande partie et laissent pour résidu une argile colorée en noir par une matière combustible.

La composition qui a été donnée précédemment est la même, en principe, que celle des rognons de chaux phosphatée terreuse actuellement exploités en Angleterre. En laissant cette substance exposée à l'air avec les pyrites qu'elle renferme jusqu'à ce que ces dernières s'effleurissent, on obtiendrait une matière qui aurait des rapports essentiels avec celle qu'on fabrique en Angleterre en traitant la chaux phosphatée terreuse par l'acide sulfurique, et qui, dit-on, se vend couramment 6 à 7 l. st., c'est-à-dire 150 à 175 fr. la tonne. L'essai mériterait d'être tenté ; il donnerait peut-être des résultats avantageux, et je ne serais pas étonné de voir un jour l'usine établie autrefois par M. Flachat, sur la plage de Wissant, dans le but de traiter les pyrites en rejetant le phosphate de chaux, relevée pour utiliser le phosphate de chaux avec le concours des pyrites.

Le congrès scientifique de France, réuni à Arras pour sa session de 1853, s'est occupé, à plusieurs reprises, des moyens de trouver de la chaux phosphatée terreuse pour les usages de l'agriculture. M. Sens, ingénieur des mines à Arras, a indiqué des gisements de cette substance dans le bas Boulonnais, dans la bande de terrain crétacé inférieur qui commence à Wissant, sur le bord du Pas-de-Calais, et qui va se terminer à la côte de la Manche, un peu au midi de Boulogne.

Indépendamment du gîte de Wissant, on en avait déjà signalé d'autres dans cette zone. M. le docteur Turner, professeur de chimie à l'université de Londres, avait analysé des nodules de phosphate de chaux provenant du gault de Lottinghen, point le plus oriental de l'enceinte du bas Boulonais, près de la source de la rivière de la Liane, dont l'embouchure constitue le port de Boulogne. Lottinghen est à **30 kilomètres** au sud-est de Wissant, et à **68 kilomètres** au sud-est de Folkstone.

On a signalé aussi au congrès d'Arras la découverte du phosphate de chaux faite depuis peu, près de Lille, qui se trouve à **80 kilomètres** à l'est de Lottinghen.

Je mentionne ces étapes successives : de Farnham à Guildford, **17 kilomètres**; de Guildford à Folkstone, **133**; de Folkstone à Wissant, **38**; de Wissant à Lottinghen, **30**; de Lottinghen à Lille, **80 kilomètres**; parce qu'elles tracent, pour ainsi dire, par points, la succession, probablement continue à l'intérieur du sol, des gisements de phosphate de chaux depuis Farnham jusqu'à Lille, suivant une ligne légèrement brisée de **298 kilomètres** ou de plus de **70 lieues** de développement.

Dans la séance tenue par le congrès le 26 août 1853, M. de Lanoue, chimiste distingué et ingénieur-géologue à Raismes (Nord), a annoncé qu'il existe dans les carrières calcaires des environs de Lille une substance appelée *tun*, dans laquelle il a trouvé par l'analyse une quantité considérable d'acide phosphorique, qui varie de **8 à 15** pour **100**, ce qui représente 19 à 32,50 de phosphate de chaux. Un échantillon de *tun* blanc, provenant d'une couche non homogène de 2 mètres d'épaisseur, lui a donné 14,93 pour 100 d'acide phosphorique, ce qui correspond à 32,34 pour 100 de phosphate de chaux. M. de Lanoue a déposé sur le bureau des échantillons de cette roche, qui forme une couche de $0^m,60$ à $1^m,20$ d'épaisseur, s'étendant à plusieurs lieues aux environs de Lille, et représentant, dit M. de Lanoue, la plus considérable accumulation d'acide phosphorique qui, jusqu'à présent, ait été signalée sur le globe (1).

Cette couche de *tun*, dans laquelle l'acide phosphorique est combiné avec la chaux et le fer, est remarquable par une

___

(1) Congrès scientifique de France, 20° session, t. I, p. 42-43.

dureté supérieure à celle des autres couches du terrain. Elle se rencontre à une profondeur de 15 à 30 mètres vers la limite commune de la craie blanche et de la craie glauconieuse qui la supporte (1).

Dans certains points des environs de Lille, la chaux phosphatée est disséminée dans la craie glauconieuse ou chloritée, sous forme de rognons analogues à ceux déjà signalés au cap de la Hève, aux environs de Farnham, etc. Ces rognons, dont la grosseur varie de celle d'une noix à celle du poing, ont une forme tuberculeuse irrégulière. Ils se détachent plus ou moins nettement de la craie chloritée qui les entoure. Leur pesanteur spécifique diffère peu de celle des calcaires ordinaires; leur cassure est unie, légèrement écailleuse et un peu conchoïde; leur couleur grise est nuancée et tachetée de vert. L'analyse que M. Rivot a bien voulu en faire dans le laboratoire de l'école impériale des mines a donné pour cent de matière :

| | |
|---|---:|
| Eau et acide carbonique | 30,0 |
| Argile | 1,5 |
| Chaux | 50,0 |
| *Acide phosphorique* | 18,0 |
| Oxyde de fer | traces. |
| Perte | 0,5 |
| | 100,0 |

Ce qui correspond à

| | |
|---|---:|
| *Phosphate de chaux* | 38,7 |
| Carbonate de chaux | 52,3 |
| Argile | 1,5 |
| Oxyde de fer | traces. |
| Eau et perte | 7,5 |
| | 100,0 |

Cette richesse, quoique remarquable, est inférieure cependant, d'après ce qu'on a vu précédemment, à celle des rognons de chaux phosphatée de Wissant, du cap de la Hève et des environs de Farnham, qui ont été soumis à l'a-

(1) *Id., ibid.*, p. 65.

nalyse ; mais tous ces rognons sont mélangés de carbonate
de chaux et autres substances dont la proportion est variable,
et peut-être existe-t-il, dans ces diverses localités, des rognons
où la richesse, portée au maximum, est à peu près la même.

Les données qui précèdent méritent de fixer, dès à présent, l'attention de l'industrie. Elles permettraient d'établir
qu'un mètre carré de la couche de *tun* a une valeur plus
grande qu'un mètre carré d'une puissante couche de houille.
La houille des mines de Valenciennes est consommée en
partie à Paris. Le *tun* des carrières de Lille, moins encom-
brant, craignant moins le transport, et d'une valeur intrin-
sèque beaucoup plus grande que la houille, pourrait être
transporté avec bénéfice dans toute la France, de même,
au reste, que le noir animal provenant des sucreries du
Nord qui, depuis trente ans, est transporté et employé à
Nantes.

Mais des masses calcaires ou marneuses dans lesquelles
l'acide phosphorique serait répandu en proportion beaucoup
moins grande, et qui, par suite, ne pourraient pas être
transportées avec avantage à d'aussi grandes distances, peuvent encore être fort utiles dans la contrée même qui les
renferme, et à ce point de vue il n'est pas inutile de remarquer que les craies phosphoreuses du département du
Nord ressemblent à celles du comté de Surrey, en ce qu'elles
contiennent de même des masses probablement fort étendues
où l'acide phosphorique se trouve en proportion beaucoup
moins grande que dans celles dont il vient d'être question,
quoique très-dignes encore d'attention.

M. Meugy, ingénieur des mines à Lille, après avoir fait
connaître la richesse en phosphore de la couche de *tun*,
avait déjà signalé, dans son *Essai de géologie pratique sur la
Flandre française*, publié en 1852, des couches de terrain
crétacé où l'acide phosphorique se trouve, comme aux environs de Farnham, en quantité beaucoup plus faible que dans
les rognons de chaux phosphatée terreuse, mais assez grande
encore cependant pour être utilisée.

D'après **M. Meugy**, la craie chloritée de Bouvines (Nord) est composée de la manière suivante :

| | |
|---|---:|
| Chaux.......................................... | 40,20 |
| Acide carbonique............................. | 32,90 |
| Sable vert.................................... | 10,00 |
| Alumine et peroxyde de fer................... | 14,00 |
| *Acide phosphorique*......................... | 3,70 |
| Alcalis....................................... | traces. |
| | 100,80 |

**3,70** d'acide phosphorique correspondent à 8,00 de phosphate de chaux.

On a constaté aussi, dit M. Meugy, la présence d'une assez forte proportion d'acide phosphorique, au moyen du molybdate d'ammoniaque (c'est-à-dire par le procédé le plus authentique), dans la marne de Cysoing et dans divers échantillons de marnes et de calcaires marneux hydrauliques provenant de deux carrières de Bouvines, situées à droite et à gauche de la route de Lille à Saint-Amand; dans ceux de Sainghin et dans la craie chloritée d'Annappes, exploitée comme pierre de construction.

La fosse ouverte dans la commune d'Annappes pour l'extraction de cette craie chloritée a 18 mètres de profondeur. Le sol des galeries est formé par un banc de calcaire chlorité tuberculeux (*tun*) à texture serrée. Ce calcaire est intimement mélangé de silice, qui lui communique une certaine dureté. On pourrait peut-être s'en servir avec succès après calcination, dit **M. Meugy**, pour le chaulage des terres. Ce banc, qui a 0$^m$,60 d'épaisseur, recouvre 2 mètres de marne grise, 0$^m$,60 de *tun* blanc, 0,50 de marne avec silex, etc... Il paraît se trouver, comme le *tun* plus riche, observé dans d'autres points des environs de Lille, vers la ligne de jonction de la craie blanche et de la craie chloritée, et à peu près à la même profondeur au-dessous de la surface.

Les gisements de chaux phosphatée qui viennent d'être

signalés appartiennent à trois assises différentes du terrain crétacé inférieur.

Ceux d'Atherfield et de Shanklin dans l'île de Wight, de Stopham dans le Sussex, et une partie de ceux des environs de Farnham et de Guildford dans le Surrey, appartiennent au grès vert inférieur.

Ceux de Donhead (Wiltshire), de Mosshill (Norfolk), une partie de ceux des environs de Farnham et de Guildford (Surrey), ceux de Folkstone (Kent), de Wissant et de Lottinghen (Pas-de-Calais), appartiennent aux couches argileuses du gault.

Enfin celui des environs de Lille et de Bouvines (Nord), celui du cap la Hève (Seine-Inférieure) et une partie de ceux des environs de Farnham et de Guildford (Surrey), appartiennent à l'étage du grès vert supérieur ou de la craie chloritée.

Dans ces trois assises du terrain crétacé inférieur, les nodules de phosphate de chaux sont les compagnons fidèles des grains verts de silicate de protoxyde de fer désignés vulgairement, parmi les géologues, sous le nom de *chlorite* ou de *glauconie*. Si on admet, ce qui n'a rien d'improbable, que les nodules de phosphate de chaux doivent continuer à accompagner ailleurs encore les grains verts glauconieux, on sera fondé à les rechercher en France dans une zone fort étendue, c'est-à-dire dans la plus grande partie de la zone de terrain crétacé inférieur, coloriée en vert sur la carte géologique de la France et désignée par la lettre accentuée C'.

Pour nous borner à la France septentrionale, cette zone, partant du département du Nord, s'étend, à travers ceux de l'Aisne, des Ardennes et de la Marne, jusque dans celui de la Haute-Marne, où elle se recourbe vers le sud-ouest pour traverser ensuite les départements de l'Aube, de l'Yonne, du Cher, de Loir-et-Cher, de l'Indre et de la Vienne, et atteindre celui d'Indre-et-Loire. Dans ce dernier, elle se dilate et se recourbe de nouveau pour se diriger vers le nord, à travers les départements de Maine-et-Loire, de la Sarthe, de l'Orne et du Calvados, où elle se termine sur la côte de la Manche, en face du cap la Hève.

Le terrain crétacé inférieur se montre encore formant des espèces d'îlots dans les départements de la Seine-Inférieure et de l'Oise, savoir : à Rouen même et dans le pays de Bray, qui s'étend de Neufchâtel à Beauvais. Il me paraît certain que des nodules de phosphate de chaux existent à Rouen et dans le pays de Bray, comme au cap la Hève et à Wissant, et je ne doute pas, tant l'analogie des couches est frappante, qu'on n'en trouve de même en un grand nombre de points de la zone dont le contour vient d'être indiqué.

Dans une partie de cette zone, mais à la vérité dans des couches un peu inférieures à celles qui contiennent la chlorite, on a constaté, sinon la présence du phosphate de chaux, du moins celle de l'acide phosphorique.

D'après la *Statistique géologique du département de l'Aube* par M. Leymerie (p. 73), le phosphate de fer hydraté se présente sous forme mamelonnée, et avec une couleur jaune d'ocre tirant sur le brun rougeâtre, dans les sables avec lignite inférieurs au calcaire à Spatangues de Fouchères. Il a été découvert par M. Clément Mullet, et analysé par M. Berthier, qui l'a trouvé composé de la manière suivante (1).

| | |
|---|---:|
| Carbonate de chaux | 9,0 |
| Eau vaporisable à 100 degrés | 9,0 |
| Eau dégagée au rouge | 17,0 |
| Peroxyde de fer | 46,5 |
| Acide phosphorique | 16,0 |
| Silice gélatineuse et sable | 1,5 |
| | 99,0 |

Dans le département de la Haute-Marne, la présence du phosphore est indiquée dans les minerais de fer oolithiques,

(1) Berthier, *Annales des mines*, 3ᵉ série, t. IX, p. 549.

qui forment une couche puissante dans le terrain crétacé inférieur. La métallurgie est en quelque sorte une miniature des phénomènes éruptifs de la géologie, et le phosphore s'y retrouve le frère jumeau de l'arsenic. L'un et l'autre sont, pour le fer, des poisons à peu près également pernicieux. Il ne faut qu'une très-petite proportion de l'un ou de l'autre pour rendre le fer cassant. Selon M. Karsten, le fer qui contient plus de 0,006 de phosphore est cassant à froid; 0,005 diminuent déjà sa ténacité (1). Or les minerais de fer en petits grains renfermés dans le terrain crétacé inférieur du département de la Haute-Marne ont la fâcheuse propriété de donner du fer cassant à froid, propriété qui en restreint beaucoup l'usage et l'utilité. Il est généralement admis qu'ils doivent cette propriété à la présence d'une petite proportion de phosphore.

La présence du phosphate de chaux, si généralement indiquée dans le terrain crétacé inférieur, n'est pas une particularité exclusivement propre à ce terrain.

D'une part, on a constaté sa présence à plusieurs reprises dans les terrains tertiaires supérieurs à la craie, et, de l'autre, on le trouve également dans ceux qui lui sont inférieurs.

Ainsi M. Becquerel a trouvé dans l'argile plastique d'Auteuil, près de Paris, des nodules de phosphate de chaux, qui sont probablement des coprolithes. D'autres parties du terrain tertiaire inférieur du bassin parisien en ont également présenté, et dans le bassin de Londres on a signalé l'existence du phosphate de chaux enveloppant différents fossiles, tels que des crustacés du London clay (2). Certaines couches tertiaires d'un bassin de l'île de Wight, sur les bords du Solent, sont riches en ossements fossiles et en coprolithes, et des ossements fossiles, formés principalement de phos-

---

(1) Berthier, *Traité des essais par la voie sèche*, t. 2, p. 201.

(2) Sir Henry T. de la Beche, *Discours anniversaire prononcé dans la Société géologique de Londres, le 18 février 1848*, p. 81.

phate de chaux, se trouvent mêlés aux coquilles dans les faluns de la Touraine comme dans le crag du Suffolk.

On trouve quelquefois, dans des terrains très-récents, le fer phosphaté bleu terreux ou fer azuré (appelé improprement, d'après sa couleur, bleu de Prusse natif) associé à des ossements fossiles, et dans ce cas il paraît résulter de la décomposition du phosphate des os par les oxydes de fer. C'est à la présence de ce phosphate que certains minerais de fer très-modernes, et notamment ceux qu'on désigne sous le nom de *limoneux* et *des marais*, doivent la propriété, qu'ils communiquent aux fers qu'on fabrique avec eux, de casser à froid (1).

M. Girardin, professeur de chimie, à Rouen, a constaté, dans un travail spécial, que les os fossiles colorés en bleu, en bleu verdâtre et en vert doivent leur teinte à du phosphate de fer (2). On a employé quelquefois en bijouterie, en guise de *turquoise*, des dents de mammifères fossiles colorées, dit-on, par du phosphate de fer, trouvées en France, à Simorre, à Auch, etc., dans le département du Gers. Ces turquoises, dont la valeur est presque nulle relativement aux turquoises de Perse, ont été désignées, par opposition à celles-ci, sous le nom de *turquoise de nouvelle roche* (3). Moins dures que la vraie turquoise et attaquables par les acides, elles n'ont de commun, avec cette pierre précieuse, que la couleur et la forte proportion d'acide phosphorique qu'elles contiennent.

Des gisements de chaux phosphatée ont été également observés dans le terrain jurassique sur lequel reposent les terrains crétacés. M. de Bonnard en a signalé depuis longtemps dans la vallée de Saint-Thibaut (Côte-d'Or), dans la partie de la tranchée du canal de Bourgogne, qui était la plus profonde au mois d'août 1822. A 1$^m$,50 au-dessous de la sur-

---

(1) Dufrénoy, *Traité de minéralogie*, 2⁰ édition, t. II, p. 649.

(2) *Comptes rendus des séances de l'Académie des sciences*, t. XV, p. 727.

(3) Dufrenoy, *Traité de minéralogie*, 2⁰ édition, t. II, p. 481.

face, il a observé une couche argileuse, humide, brune, mêlée d'une assez grande proportion de minerai de fer en grains, et contenant aussi des nodules irréguliers d'une substance d'un blanc grisâtre ou jaunâtre, tendre, à cassure terreuse, happant fortement à la langue, qui fait très-peu d'effervescence avec l'acide nitrique, qui est, dit-on, analogue à celle qu'on désigne dans les forges de la Bourgogne sous le nom de *grappe*, mais qui contient, d'après l'essai qu'en a fait M. Berthier, 74 pour 100 de phosphate de chaux, et doit, par conséquent, être regardée comme une variété nouvelle de *chaux phosphatée terreuse* (1). Les autres minerais de fer de la Bourgogne, qui renferment de la *grappe*, se trouvent, dès lors, signalés comme devant contenir de l'acide phosphorique.

Ceux de la Lorraine en renferment également. M. Karsten a imprimé, dans ses *Archives métallurgiques*, l'analyse d'un minerai de fer exploité aux Vignes, près d'Hayange (Moselle), qui contient à la fois de l'acide phosphorique (3,28 pour 100) et de l'acide carbonique. Ses caractères extérieurs sont, du reste, identiques à ceux du minerai bleu d'Hayange (2).

Les minerais si abondants en Franche-Comté à la base du calcaire oolithique, notamment ceux de Villebois (Ain), doivent probablement à la présence du phosphore les fâcheuses propriétés qui obligent les maîtres de forges à en restreindre l'usage, malgré leur abondance, leur richesse et leur bas prix.

Si on parvenait à trouver un procédé chimique propre à débarrasser économiquement tous ces minerais du phosphore par lequel ils sont viciés, on rendrait un double service. D'une part, on transformerait des minerais malfaisants en minerais d'une qualité supérieure, et, de l'autre, on obtiendrait des matières qui, par leur teneur en phosphore, pour-

---

(1) De Bonnard, *Notice géognostique sur quelques parties de la Bourgogne*, *Annales des mines*, 1ʳᵉ série, t. X, p. 235.

(2) Dufrénoy, *Traité de minéralogie*, 2ᵉ édition, t. II, p. 601.

raient devenir d'un usage utile dans l'agriculture. En se réunissant pour payer les dépenses de l'opération, l'industrie métallurgique et l'industrie agricole pourraient la rendre exécutable et même lucrative.

Indépendamment de sa présence dans les couches de minerai de fer du terrain jurassique, le phosphate de chaux paraît exister aussi, plus ou moins fréquemment et plus ou moins abondamment, dans les autres couches du même terrain. Ainsi des coprolithes formés principalement de phosphate de chaux ont été rencontrés dans les couches marneuses du lias du département du Calvados et de diverses autres parties de la France aussi bien qu'en Angleterre.

Les terrains antérieurs aux terrains jurassiques contiennent de même du phosphate de chaux, soit rassemblé en nodules, soit disséminé. Le fer carbonaté lithoïde du terrain houiller en est quelquefois souillé de même que les minerais oolithiques et limoneux, quoique moins fréquemment.

Depuis longtemps, M. Berthier a publié une note sur la chaux phosphatée des mines de houille de Fins (Allier) (1). L'échantillon analysé était lenticulaire, de la grosseur du poing, homogène, d'un grain très-fin, ayant quelque éclat à une vive lumière et d'un gris foncé.

Il a donné à l'analyse :

| | |
|---|---|
| Phosphate de chaux | 67,0 |
| Carbonate de fer | 15,7 |
| Argile | 19,0 |
| Eau et bitume | 06,0 |
| | 97,7 |

D'après M. Guillemin, ce minerai, en nodules de forme globuleuse, quelquefois aplatie, d'un volume assez petit, se trouve en grande quantité dans les schistes argileux noirs qui séparent la seconde couche de houille des grès qui la supportent. Les nodules ne sont pas homogènes. Leur en

---

(1) *Annales des mines* 1re série t. XI, p. 112.

veloppe est presque entièrement composée de carbonate de fer.

Ces gisements, peu nombreux encore, se multiplieront probablement aussitôt qu'on s'appliquera spécialement à leur recherche.

Lorsqu'on ne songe qu'aux propriétés remarquables et caractéristiques du phosphore, on pourrait s'étonner que des gîtes presque superficiels de composés de ce corps simple aient pu échapper, jusqu'à présent, aux investigations des naturalistes et des curieux ; mais il ne faut pas oublier que les propriétés frappantes du phosphore ne se retrouvent pas, en général, dans ses combinaisons. Les phosphates de chaux et de magnésie sont des matières terreuses que rien, dans leur aspect extérieur, ne distingue des matières terreuses et pierreuses les plus vulgaires. Le phosphate de chaux de Wissant, celui du cap de la Hève, gisent confondus parmi les galets de la plage, où un regard perçant et attentif peut seul les distinguer. MM. Daubeny et Widdrington ont remarqué que la couche de chaux phosphatée de l'Estramadure ayant donné naissance à une légère proéminence dans la route de Logrosan à Guadalupe, on a attaqué la couche pour aplanir la proéminence, et que le phosphate pierreux, qui a été extrait à cette occasion, a été employé à faire de petits murs pour soutenir les terres adjacentes. Il est possible qu'en beaucoup de points de la France la chaux phosphatée terreuse, ou des calcaires plus ou moins riches en phosphate de chaux, soient employés, soit comme pierre de construction, soit à l'empierrement des routes et chemins vicinaux, ou confondus avec les rognons de calcaire argileux dont on essaye quelquefois en vain de se servir pour fabriquer de la chaux hydraulique ou du ciment romain, ou enfin qu'ils soient restés tout à fait négligés et même inaperçus. Des recherches faites par des géologues d'un coup d'œil très-exercé, et contrôlées par des chimistes assez habiles pour apercevoir et doser de très-faibles proportions d'acide phosphorique, pourraient seules remédier à cette regrettable lacune de nos connaissances sur la constitution du sol de la France.

Outre les nodules de phosphate de chaux répandus dans un grand nombre de couches sédimentaires appartenant à tous les étages géologiques , il paraît que beaucoup de couches calcaires contiennent du phosphate de chaux en petite proportion.

D'après M. Fehling, l'analyse chimique a manifesté d'une manière certaine et souvent très-prononcée la présence de l'acide phosphorique dans dix calcaires du midi de l'Allemagne, savoir : calcaire jurassique d'Unterkochen et d'Hundersingen ; dolomie de Jaxtfeld (couche supérieure du calcaire de Friedrichshal, muschelkalk ) ; calcaire du lias de Rohr, près Vaihingen ; marne jurassique de la côte de Geisslingen ( au-dessus du premier banc à *spongites* ) ; calcaire du Keuper de Weinsteige ; argile à *ammonites amaltheus* de Jesingen, près Kirchheim ; schiste à possidonomyes supérieur d'Ohmden : calcaire argileux de Blaubeuren, et muschelkalk argileux de Zuffenhausen.

On n'a pas reconnu la réaction de l'acide phosphorique dans le calcaire diluvial de Cannstadt, dans la marne du lias de Vaihingen, ni dans le marbre de Carrare (1).

Il n'y a aucune raison pour que les calcaires, si répandus dans toutes les parties de la France, ne renferment pas de l'acide phosphorique tout aussi bien que ceux de l'Allemagne, et on peut s'attendre à le découvrir, par des analyses soignées, dans une foule de couches où on ne l'a pas soupçonné jusqu'à présent. L'acide phosphorique, en petite proportion, ne se décèle par des caractères tranchés que lorsqu'on le recherche spécialement, et il a pu échapper, le plus souvent, aux moyens d'analyse assez grossiers dont on s'est généralement contenté pour les roches calcaires.

Des recherches faites récemment sur des quantités de roches suffisantes ont montré , dit sir Henry T. de la Beche, que la dissémination du phosphate de chaux est beaucoup plus grande qu'on ne l'avait admis d'après des analyses

---

(1) Leonhard et Bronn , Jahrbuch fur min.. 1850, p. 445.

faites, suivant l'usage habituel, sur de petites quantités de matière (1). Dans toutes les formations géologiques, il y aurait lieu de soumettre à l'analyse des masses un peu considérables de roches, dans le but spécial d'y chercher l'acide phosphorique, à peu près comme les essayeurs, au moyen de la coupellation et d'autres procédés subtils et délicats, recherchent les métaux fins disséminés dans des masses de rebuts métallurgiques.

Les radicelles des plantes sont peut-être les appareils les plus sensibles dont on puisse se servir pour constater la présence de l'acide phosphorique dans une matière qui en contient une proportion à peine appréciable. Dans l'excellent ouvrage qu'il vient de publier sur le noir animal, M. Bobierre, chimiste-vérificateur des engrais à Nantes, conseille d'employer les suçoirs végétaux de la manière suivante : « pulvériser grossièrement la substance ; la placer dans un « entonnoir disposé sur un flacon ; semer, à 4 centimètres « de profondeur, trois ou quatre grains de Sarrasin, dont « on détermine à l'avance, par des moyennes, la dose « d'acide phosphorique ; arroser avec de l'eau distillée, au « moyen d'un tube en S, et incinérer la récolte. Si l'acide « phosphorique de la cendre obtenue est plus considérable « que celui de la graine employée, il faudra bien en conclure « qu'il a été emprunté au sol artificiel de l'entonnoir (2). »

Deux de nos chimistes les plus distingués, M. Berthier et M. Malaguti, ont donné des méthodes faciles pour doser l'acide phosphorique dans des matières où il ne se trouve même qu'en très-petite proportion (3). La méthode de M. Malaguti ne diffère pas de celle que M. Bobierre a employée à Nantes pour analyser par centaines les engrais phosphatés et déjouer les fraudes aussi ingénieuses que coupables dont ils sont l'objet. Il est à craindre, cependant, que l'application

---

(1) Sir Henry T. de la Beche, *Discours prononcé à la séance anniversaire de la Société géologique de Londres*, le 16 février 1849.

(2) Bobierre, *le noir animal, analyse, emploi, vente*, 1856.

(3) Boussingault, *Économie rurale*, t. I, p. 588.

de ces méthodes ne présente des difficultés aux personnes qui n'ont pas l'habitude des manipulations. D'habiles chimistes ont rendu à l'industrie des services réels en créant les procédés de l'alcalimétrie et de la chlorométrie. Il serait à désirer qu'on dotât de même l'agriculture de procédés *phosphatométriques;* mais, pour remplir leur objet, ces procédés devraient avoir une assez grande précision. On peut employer, avec avantage, à l'amendement des terres des marnes contenant seulement 1 à 2 centièmes d'acide phosphorique; et, pour choisir entre des marnes ayant cette faible teneur, un demi-centième de plus ou de moins n'est pas indifférent. Il faudrait donc que les mesures phosphato-métriques pussent donner à peu près les millièmes, et cela serait plus nécessaire encore pour l'analyse des terres végétales. Or aujourd'hui l'analyse chimique sait rendre sensible *un cent-millième* d'acide nitrique (1); pourquoi n'arriverait-on pas, un jour, au même degré de précision pour l'acide phosphorique?

L'avantage qui peut résulter, pour toute une contrée, de la découverte d'une petite proportion d'acide phosphorique resté jusqu'ici à l'état latent dans une des couches du terrain se concevra parfaitement par la lecture de l'ouvrage déjà cité de M. Meugy (2). L'auteur y annonce, p. 40, que, dans le calcaire chlorité des carrières d'Esquermes, on a constaté la présence d'une quantité assez notable d'acide phosphorique (3,70 p. 100) (quantité bien moindre cependant que celles de 14, 18, 28 p. 100, constatées dans les rognons de chaux phosphatée terreuse), et il observe qu'il serait utile de choisir, de préférence, ce calcaire pour la fabrication de la chaux destinée à servir d'engrais.

Plus loin (p. 46), il signale aussi la présence de 3,70 p. 100 d'acide phosphorique dans la craie chloritée de Bou-

---

(1) Ch. Brame, *Comptes rendus hebdomadaires des séances de l'Académie des sciences*, t. XLIII, p. 31.

(2) Meugy, *Essai de géologie pratique sur la Flandre française,* 1852.

vines, et il ajoute que ce calcaire pourrait produire d'excellents effets sur les terres.

La présence d'une assez forte proportion d'acide phosphorique, constatée dans la marne de Cysoing, dans la craie chloritée d'Annappes, et dans divers échantillons de marnes et de calcaires provenant de deux carrières de Bouvines, situées à droite et à gauche de la route de Lille à Saint-Amand, lui en a fait également conseiller l'essai.

« Un simple calcul suffira, dit M. Meugy (p. 46), pour faire comprendre l'intérêt que le pays peut attacher à la découverte de l'acide phosphorique dans ces calcaires. Le mètre cube de craie pesant 1,250 kilog., une couche de 1 mètre d'épaisseur sur un are de surface pèsera 125,000 kilogr. et renfermera, à raison de 3,70 p. 100, 4,625 kilogr. d'acide phosphorique. Maintenant, un are de terre fournit de 25 à 28 litres de Blé pesant 20 kilogr., et une quantité de paille formant à peu près le double du poids de la graine, soit 40 kilogr. Ces quantités, réduites en cendres, laissent environ 1 p. 100 de résidu pour la graine, et 5 p. 100 pour la paille; de sorte que la cendre de graine de Blé contenant moitié de son poids d'acide phosphorique et la paille 4 p. 100, il entrera 0 kilogr. 18 de cet acide dans le produit d'un are. Donc cette surface, en supposant qu'elle s'étende sur une craie de la nature de celle dont l'analyse a été rapportée plus haut, renfermerait, sur un millimètre d'épaisseur seulement, une quantité d'acide phosphorique (4,625) égale à celle qui correspondrait à 25 récoltes de blé $\left(\dfrac{4,625}{0,18} = 25\right)$. »

Des calcaires et des marnes où la proportion d'acide phosphorique serait encore moindre pourraient rendre des services analogues, quoique avec moins d'énergie, et, au lieu de rendre en une seule fois à un champ tout ce que 25 récoltes lui ont enlevé, ils pourraient lui rendre ce que 10, ce que 4, ce qu'une seule récolte lui aurait fait perdre. Or ce résultat paraîtra déjà considérable, si l'on considère que les autres engrais ayant aussi pour effet de restituer au sol de l'acide phosphorique, il ne s'agit ici que de suppléer à ce qu'ils peuvent avoir, à la longue, d'insuffisant.

La présence constatée d'une très-petite proportion d'acide phosphorique, dans un calcaire ou dans une marne, pourrait donc suffire pour en faire conseiller l'essai, et, lorsqu'on aura poussé les investigations plus loin sur ce sujet, on reconnaîtra peut-être que le phosphate de chaux disséminé en faible proportion est non-seulement beaucoup moins rare qu'on ne le suppose généralement, mais qu'il a été utilisé sous cette forme beaucoup plus anciennement et plus fréquemment qu'on ne le croit. Peut-être certaines chaux et certaines marnes doivent-elles les propriétés fertilisantes particulières qui les ont mises en renom dans les localités circonvoisines à la présence d'une certaine proportion de phosphate de chaux qu'on n'y a pas constatée jusqu'à présent, de même que certains minerais de fer doivent leur mauvaise réputation à la présence, longtemps ignorée, d'une petite quantité de phosphore.

On peut s'attendre, en thèse générale, à trouver dans tous les dépôts sédimentaires, soit marins, soit d'eau douce, une certaine quantité de phosphate de chaux; M. le docteur Fitton l'a parfaitement expliqué dans le passage suivant de son savant mémoire, que je traduis textuellement.

« Il n'y a pas lieu de s'étonner, dit M. le docteur Fitton, de l'abondance du phosphate de chaux dans les couches déposées par la mer, lorsqu'on se rappelle que non-seulement les os, les spicules et les écailles des poissons contiennent cette substance en grande proportion, mais que les téguments des échinodermes et des crustacés en contiennent aussi, quoiqu'en proportion moindre (1). »

M. Austen, dont les observations ont déjà été citées précédemment, suppose que l'acide phosphorique répandu dans les couches du terrain crétacé inférieur peut avoir d'abord fait partie de matières coprolithiques qui ont été en partie

---

(1) D<sup>r</sup> Fitton, *loc. cit.*, p. 111.

conservées avec leurs formes extérieures originaires, tandis que, le plus souvent, ayant été brisées, leurs débris ont été répandus dans le sable et dans la vase, où la chaleur intérieure de la terre a produit des changements chimiques et une diffusion plus générale de l'acide phosphorique dans la masse (1).

On sait que le phosphate de chaux est soluble, comme le carbonate de chaux, quoiqu'à un moindre degré, dans de l'eau chargée d'acide carbonique (2); et cette solubilité est d'autant plus importante à noter, que c'est probablement lorsque l'acide phosphorique se trouve ainsi dissous dans l'eau dont le sol est humecté, que les radicelles des plantes le pompent avec l'eau elle-même pour l'introduire dans la circulation végétale.

Une curieuse expérience de M. Dumas a mis cette vérité dans tout son jour.

« L'eau chargée d'acide carbonique, dit l'illustre chimiste, dissout de grandes quantités de phosphate de chaux, comme l'a vu M. Berzélius, dans ses belles expériences sur les eaux de Carlsbad. M. Thenard en avait fait aussi la remarque... Des lames d'ivoire renfermées dans des bouteilles d'eau de Seltz s'y sont ramollies en vingt-quatre heures tout comme dans l'acide muriatique dilué. L'eau de Seltz s'était chargée de tout le phosphate de ces lames...; j'appelle l'attention des physiologistes sur cette propriété. Elle explique le transport du phosphate de chaux dans les plantes. Elle nous montre combien il serait intéressant de faire végéter des plantes en les arrosant avec de l'eau chargée de phosphate de chaux à la faveur de l'acide carbonique (3). »

Par suite de cet état de dissolution dû à l'acide carbonique, le phosphate de chaux a pu éprouver aussi, dans l'intérieur

---

(1) Sir Henry T. de la Beche, *Discours prononcé à la séance anniversaire de la Société géologique de Londres*, le 16 février 1849, p. 82.

(2) *Ibid.*, p. 83.

(3) Dumas, *Comptes rendus hebdomadaires de l'Académie des sc.*, t. XXXIII, p. 1018, 1846.

des masses minérales, des mouvements de translation qui ont permis à ses molécules de se grouper, de même et plus facilement encore que les molécules de silex, en certains points vers lesquels les appelaient, sans doute, des affinités particulières dues, peut-être, quelquefois à la présence de certains débris organiques, ou bien aux vides laissés par leur décomposition.

On peut concevoir ainsi la formation d'une partie des nodules de phosphate de chaux, qu'on a, peut-être, assimilés trop généralement à des coprolithes. Ces nodules, usés et polis, présentent, en effet, un arrangement de parties analogue à celui des corps formés, comme les agates, par infiltration dans des cavités, ce qui suppose un travail moléculaire tel que celui dont nous venons de parler. M. Austen pense que, lorsque des moules de coquilles bivalves ou d'ammonites sont formés par une matière contenant du phosphate de chaux, ces coquilles doivent avoir été enveloppées d'abord dans le dépôt sédimentaire, et que le test de la coquille ayant ensuite disparu, le phosphate terreux a rempli la cavité.

Lorsque cette concentration des molécules de phosphate de chaux s'est opérée, elle a mis le phosphate de chaux en évidence; mais dans un grand nombre de cas elle a pu ne pas s'effectuer, et alors le phosphate de chaux est resté, pour ainsi dire, à l'état latent. On doit nécessairement s'attendre à voir régner longtemps encore un peu d'incertitude sur tout ce qui tient à une substance que la nature a répandue presque partout avec une sorte de parcimonie. Les transformations, les transports moléculaires auxquels ont été et sont, peut-être, encore soumis ces rares atomes, disséminés et comme perdus dans la masse des couches terrestres, ne peuvent manquer de présenter de nombreuses obscurités qui n'empêchent pas de concevoir qu'il y a lieu de chercher à constater la présence de l'acide phosphorique dans presque toutes les couches sédimentaires.

Cette recherche sera pour les chimistes un travail long et fastidieux, auquel cependant on ne saurait assez les inviter à se livrer, en raison des résultats utiles qui en seront la conséquence. Les phosphates n'ont pas été créés pour l'agrément des chimistes. On n'aime guère, en général, à les rencontrer dans les analyses : ils les compliquent presque toujours par leur tendance à former des sels doubles, en partie solubles, qui nuisent à la netteté des réactions et des précipitations. Souvent gélatineux ou floconneux, ils sont difficiles à laver et à bien isoler; mais ces propriétés, qui se rattachent à celles qui leur permettent de se déplacer lentement, comme nous l'avons dit plus haut, dans les terres humectées, sont aussi celles en vertu desquelles ils peuvent jouer dans la nature organique le rôle que la nature leur a assigné. Elles donnent une sorte de demi-plasticité aux solides qui en sont formés, et elles rendent possible le renouvellement graduel de la matière des os, dont la découverte récente, due aux savants travaux de M. Flourens, a produit dans la chirurgie une si heureuse révolution. Si nous avions des os de marbre ou de verre, ils se casseraient beaucoup plus souvent et se ressouderaient moins aisément que ne le font nos os de phosphates durcis au point convenable par du carbonate de chaux et par du fluorure de calcium, et assouplis par la matière gélatineuse dont ils sont pénétrés.

Les considérations qui rendent probable la présence presque constante de l'acide phosphorique dans les couches sédimentaires, soit d'une manière sensible, sous forme de rognons de phosphate (comme nous en avons cité tant d'exemples), soit en particules invisibles, sont encore fortifiées par cette circonstance que l'origine organique, à laquelle nous avons uniquement fait allusion jusqu'à présent, n'est pas la seule qu'on puisse assigner à l'acide phosphorique disséminé dans les terrains stratifiés.

En effet, les anciennes roches cristallines et les roches éruptives dont la dégradation a fourni originairement les matériaux des couches sédimentaires renferment elles-mêmes de l'acide phosphorique, et le présentent même sous des formes plus variées et souvent plus frappantes que les terrains déposés par les eaux.

Deux variétés de laves du Vésuve ont donné à M. Charles Deville une proportion notable d'acide phosphorique : l'une contient 1,4 ; l'autre, 2,2 pour 100 de phosphate de chaux (1). La présence du phosphate de chaux, et probablement du chloro-phosphate ou de l'apatite dans les laves, semble un fait presque général. « Je l'ai signalé, dit M. Charles Deville, dès 1845, dans les laves anciennes de Fogo, l'une des îles du cap Vert (*Voyage aux Antilles et aux îles de Ténériffe et de Fogo*, t. I). » Depuis, le phosphate de chaux a été retrouvé dans les laves de Niedermendig (Prusse rhénane). Enfin, dans quelques expériences récentes, j'en ai reconnu qualitativement l'existence au moyen du molybdate d'ammoniaque, dans plusieurs produits volcaniques, entre autres dans les roches du Purace recueillies par M. Boussingault, et dans la lave rejetée par l'Etna en 1853 (2).

Les roches éruptives des différents âges géologiques, les basaltes, les trachytes de la France centrale, les variolites du Dauphiné, les ophites des Pyrénées, les kersantons et les diorites de la Bretagne et des Vosges mériteraient d'être soumis au mode d'analyse que M. Charles Deville a appliqué aux laves du Vésuve, de l'Etna, de Fogo, et aux trachytes des Andes. Plusieurs d'entre elles, sans doute, donneraient des résultats analogues. Ces résultats, aussi curieux que nouveaux au point de vue géologique, seraient également intéressants au point de vue agricole, car l'une des laves du Vésuve que M. Deville a analysées contient à peu près la moitié autant de phosphate de chaux que les marnes crayeuses du Surrey essayées, comme nous l'avons rapporté ci-dessus, par M. Nesbit, et que celles de la Flandre dont l'emploi comme amendement est recommandé par M. Meugy.

---

(1) Charles Sainte-Claire, *Comptes rendus hebdomadaires des séances de l'Académie des sciences*, t. XLII, p. 1169.
(2) *Id.*, p. 1170.

On connaît depuis longtemps la fertilité des roches volcaniques ; les pentes du Vésuve et de l'Etna en présentent de remarquables exemples, et, malgré les dangers que les éruptions y font courir, les cultivateurs ne leur manquent jamais ; elles sont, au contraire, très-peuplées. On a généralement attribué, d'une manière un peu vague, la fertilité de ces terres aux sels qu'elles contiennent, et particulièrement aux sels alcalins. La découverte du phosphate de chaux complète l'explication du phénomène. On comprend maintenant comment, tandis que les roches volcaniques sont d'une fertilité remarquable, la plupart des granites, qui ne sont pas moins riches en alcalis, sont, au contraire, d'une stérilité désespérante : le phosphate de chaux n'y est pas disséminé de la même manière.

Ce n'est pas que le phosphate de chaux manque complétement aux granits et aux autres roches cristallines anciennes ; c'est là, au contraire, que le gisement de la *chaux phosphatée* cristalline ou *apatite* est connu depuis longtemps ainsi que celui de plusieurs autres phosphates ; mais ces minéraux, au lieu d'y être disséminés partout d'une manière imperceptible, y sont généralement concentrés sous forme de cristaux dans certains gîtes comparativement peu nombreux.

Il est permis d'espérer, toutefois, que des recherches ultérieures feront connaître ces minéraux phosphatés dans beaucoup de localités où on ne les a pas encore signalés. A l'exception de la turquoise, qui est une pierre précieuse, et du plomb phosphaté, qui est un bon minerai de plomb, les minéraux phosphorés ont été jusqu'ici sans emploi, et, sauf les deux précédents et les fers phosphatés qui attirent l'attention par leur couleur bleue et par leurs effets pernicieux dans le traitement métallurgique des minerais de fer, ils n'ont rien qui soit propre à les faire remarquer. On n'a même trouvé de la plupart d'entre eux que de rares parcelles qui ont été disséminées dans le petit nombre des coilections minéralogiques qu'on a tenu à rendre absolument complètes; mais si ces mêmes minéraux recevaient, à cause de leur teneur en acide phosphorique, un emploi agricole qui leur donnât une valeur commerciale, peut-être en découvrirait-on des gisements nombreux et abondants.

Afin d'attirer l'attention sur ces minéraux phosphorés et pour tracer ici un bilan, aussi complet que possible, des ressources en acide phosphorique que l'agriculture pourra trouver dans les diverses parties de l'écorce terrestre, je vais donner un catalogue à peu près complet de ces minéraux, sans m'arrêter à la rareté relative du plus grand nombre d'entre eux.

Le plus généralement répandu de ces minéraux phosphorés est la *chaux phosphatée cristalline* ou l'*apatite*. Cette substance contient toujours, outre la chaux et l'acide phosphorique, du chlore et du fluor, et doit être considérée comme composée de trois atomes de phosphate de chaux et d'un atome de fluochlorure de calcium. Elle est presque toujours cristallisée, ou du moins cristalline et associée à des minéraux cristallisés.

La *chaux phosphatée (apatite)* appartient aux terrains les plus anciens et aux terrains volcaniques. Au lac de Laach, sur les bords du Rhin, à Albano près de Rome, elle est disséminée dans les roches volcaniques : c'est dans un gisement analogue que se trouve la chaux phosphatée du cap de Gate en Espagne. Ces derniers gisements, connus depuis longtemps, rendent moins surprenante la découverte que M. Deville a faite de la chaux phosphatée dans les laves, où cependant elle n'avait pas été signalée.

L'apatite se trouve en petits filons dans le granit; elle accompagne les minerais d'étain dans le Cornouailles, la Bohème et la Saxe : elle forme des rognons dans le schiste talqueux du Zillerthal (Tyrol); au Saint-Gothard, elle accompagne l'albite; les cristaux transparents d'Ala sont dans le schiste chloriteux : elle existe dans les filons de fer oxydulé d'Arendal en Norwége, associée avec de l'amphibole, du grenat, du pyroxène et de l'épidote (1).

Nous avons déjà mentionné la couche ou filon-couche de chaux phosphatée qui existe en Espagne, dans l'Estramadure, au milieu des schistes anciens. L'importance de ce gisement avait été, dans l'origine, singulièrement exagérée. D'après les observations que M. Leplay a faites sur les lieux, en 1833, les montagnes de chaux phosphatée qui ont été indiquées aux environs de Logrosan n'ont aucune existence réelle. Les récits fabuleux qui ont été faits de l'abondance de ce minéral dans l'Estramadure ont uniquement pour base quelques petits filons de quartz et de chaux phosphatée compacte et testacée, qui se rencontrent en plusieurs points de cette formation (des schistes de transition), notamment aux portes de Logrosan, sur le chemin de Guadalupe (2). Ce passage du savant ouvrage de M. le Play peut servir à prouver que de très-minces gisements de phosphate de chaux méritent d'être remarqués et signalés. Les petits filons que M. le Play a observés, en 1833, près de Logrosan, s'amplifient dans l'un des points de la contrée, de manière à devenir, non pas des montagnes, comme on l'avait dit à tort anciennement, mais la couche ou filon-couche que MM. Daubeny et Widdrington ont retrouvé en 1843, et qui serait très-susceptible d'une exploitation utile.

M. Naumann, professeur de géologie à l'université de Leipzig, cite l'apatite (phosphate de chaux) au nombre des minéraux qu'on trouve disséminés, en différents pays, dans le calcaire grenu (3). On a découvert de magnifiques cristaux de chaux phosphatée à Saint-Laurent et à Hammond, dans l'État de New-York.

M. Logan a reconnu, dans le Canada, un très-beau gise-

---

(1) Dufrénoy, *Traité de minéralogie*, 2ᵉ édition, t. II, p. 391-400.

(2) F. le Play, *Observations sur l'histoire naturelle et sur la richesse minérale de l'Espagne*, p. 28, et *Annales des mines*, 3ᵉ série, t. 5, p. 195 (1834).

(3) Naumann, *Lehrbuch der geognosie*, t. 1, p. 666, 1850.

ment de chaux phosphatée dans le calcaire silurien : les cristaux y sont aussi volumineux qu'ils sont abondants. J'ai vu, en 1851, à l'Exposition de Londres, dit M. Dufrénoy, des cristaux recueillis par ce savant géologue, de plus de 3 décimètres de haut ; leur diamètre dépassait un décimètre ; leur cassure était grenue, et leur couleur le vert-jaunâtre clair (1).

Le Canada avait envoyé à l'Exposition universelle de Paris, en 1855, une collection de roches et de minéraux des plus intéressantes, formant les pièces justificatives de la belle carte géologique du Canada, par M. Logan. On distinguait, dans cette collection, des échantillons, remarquables par leur grosseur et par leur cristallinité, de phosphate de chaux ou apatite du comté de Perth, exposés par M. le docteur James Wilson, et portés au catalogue du Canada sous le n° 58. On lit ce qui suit à leur sujet (page 27) dans l'*Esquisse géologique du Canada*, publiée à Paris, en 1855, par MM. Logan et Sterry-Hunt :

« Parmi les minéraux possédant une valeur économique, il ne faut pas oublier le phosphate de chaux, si précieux pour l'agriculture, et qui est disséminé en petits grains dans les calcaires cristallins. Dans le canton de Burgess, il existe un gisement remarquable de ce minéral dans une assise de calcaire rougeâtre, à gros grains, contenant de grands cristaux de mica. Le phosphate de chaux, d'une couleur vert pâle, forme souvent de longs prismes ayant un diamètre de 7 ou 8 centimètres ; les angles ne sont jamais bien nets, et le minéral prend souvent les formes de masses arrondies, donnant au calcaire l'aspect d'un conglomérat, et rappelant les couches de calcaire silurien que l'on trouve remplies de coprolithes de phosphate de chaux. L'apatite peut former à peu près un tiers de la masse du calcaire de Burgess. »

Si cette masse est considérable, elle serait exploitable pour phosphate de chaux, et je ne serais pas étonné qu'on vît sortir un jour du fleuve Saint-Laurent des vaisseaux char-

---

(1) Dufrénoy, *Traité de minéralogie*, 2ᵉ édition, t. II, p. 100.

gés de phosphate de chaux destiné à rivaliser avec le guano dans les cultures européennes, de même qu'on a vu sortir de la Seine de nombreuses cargaisons de pierre à plâtre, tirée des environs de Paris et destinée à activer la végétation des Trèfles de la Nouvelle-Angleterre.

Un tel échange international d'amendements agricoles serait bien propre à faire concevoir combien il serait utile de découvrir, dans chaque pays, tous les amendements qu'il peut renfermer, afin de n'être pas réduit à en employer qui soient grevés des frais d'un transport de 1,000 ou de 2,000 lieues.

On voit, par ce qui précède, que la chaux phosphatée se trouve, sous des formes diverses, dans toute l'échelle géologique des terrains; mais on doit reconnaître , en même temps, que, si dans quelques-uns de ces terrains elle a souvent une origine organique ou une forme métamorphique, il en est d'autres, tels que les laves des volcans, où une pareille origine ne peut lui être attribuée.

On peut en dire autant de la *magnésie phosphatée* ou *wagnérite*. Ce minéral rare et remarquable par ses formes cristallines est un composé de phosphate de magnésie et de fluorure de magnésium, composition analogue, sauf les proportions, à celle de la chaux phosphatée (apatite). La wagnérite se trouve à Hollegraben, près Werfen, dans le Salzbourg, disséminée dans une veine de quartz traversant le schiste argileux. M. Beudant indique un second gisement de cette substance aux États-Unis (1). On ne peut attribuer à la wagnérite qu'une origine purement minérale; mais peut-être existe-t-il dans les terrains sédimentaires quelques parcelles de phosphate de magnésie auxquelles on pourrait attribuer une origine organique.

Les *phosphates de fer* donnent lieu à des remarques analogues. L'acide phosphorique s'allie avec l'oxyde de fer dans des proportions diverses, et donne naissance à différentes

______

(1) Dufrénoy, *Traité de minéralogie*, 2e édition, t. II, p. 437.

espèces de phosphates. M. Dufrénoy distingue les *fers phos-phatés bleu* (*vivianite* et *phosphate bleu terreux*), *vert* (*du-frénite*), *brun* (*delvauxine*), et il place à la suite le *kakoxène*, qui est un phosphate hydraté de fer et d'alumine contenant un peu de fluor (1).

Les fers phosphatés ont été trouvés dans différents terrains, depuis les granits et le terrain houiller jusqu'aux tourbes et aux alluvions (2). M. Leymerie cite du fer phosphaté dans les tourbes des environs de Troyes, et on en trouve dans les tourbes de beaucoup d'autres localités. D'après MM. de Verneuil et Huot, la *vivianite* remplit l'intérieur de certaines coquilles fossiles, près de Kertch, et en d'autres points de la Crimée (3).

Dans les terrains sédimentaires, on peut attribuer une origine organique à l'acide phosphorique que contiennent les phosphates de fer ; mais il n'en est pas de même pour les phosphates qui existent dans les roches cristallines et dans les filons.

L'acide phosphorique se combine au manganèse de même qu'avec le fer en différentes proportions, et donne lieu à plusieurs phosphates, qui sont l'*hureaulite*, l'*hétérosite*, le *manganèse phosphaté ferrifère*, l'*alluaudite* et la *triphylline* : l'oxyde de fer entre toujours comme partie constituante dans ces phosphates. Dans l'un d'eux (la triphylline), cet oxyde est si abondant, qu'il serait peut-être plus naturel de le ranger parmi les phosphates de fer (4). On désigne, en outre, sous le nom d'*eisen apatite* un minéral dont la composition est tout à fait analogue à celle de l'apatite, si ce n'est que le calcium y est remplacé par le fer et le manganèse.

L'*hureaulite*, l'*hétérosite* et l'*alluaudite* se trouvent en petites veines dans les granits graphiques des environs de Limoges. La *triphylline* se trouve en veines dans le terrain an-

---

(1) Dufrénoy, *Traité de minéralogie*, 2ᵉ édition, t. II, p. 437.

(2) C. F. Naumann, *Lehrbuch der geognosie*, t. I, p. 830, 1850.

(3) Dufrénoy, *Traité de minéralogie*, 2ᵉ édition, t. II, p. 642 à 651.

(4) Dufrénoy, *Traité de minéralogie*, 2ᵉ édition, t. III, p. 37.

cien de Bodenmais en Bavière, et de Keild en Finlande. Le *manganèse phosphaté ferrifère* a été trouvé dans un filon de quartz, encaissé sous le granit des environs de Limoges. L'*eisen apatite* forme de petits amas dans le terrain ancien à Zwisel en Bavière; tous ces minéraux paraissent avoir une origine complétement inorganique.

Il en est de même des combinaisons de l'acide phosphorique avec l'alumine, et la *wavellite*, formée de phosphate d'alumine combiné avec le fluorure d'aluminium, se trouve dans des filons qui traversent des schistes anciens (1).

La *fischérite* et la *péganite*, considérées, à tort peut-être, comme des variétés de la wavellite, sont des phosphates d'alumine dans lesquels on n'a pas signalé d'acide fluorique. La fischérite a été trouvée, en rognons, dans un grès ferrugineux (2).

La *klaprothine* est un phosphate double d'alumine et de magnésie, dont les beaux échantillons viennent de Werfen, dans le Salzbourg. On connaît aussi cette substance à Voran, à Krieglach, en Styrie, ainsi qu'à Zermatt, au pied du mont Rose, et dans la province de Minas-Geraes, au Brésil (3).

L'*ambligonite* est un phosphate d'alumine et de lithine qui a été trouvé à Chursdorf, près de Penig, en Saxe, disséminé dans un granit qui contient en même temps des cristaux de tourmaline et de topaze (4).

Le *phosphate d'alumine plombifère* qu'on a trouvé sous forme de stalactites dans la mine de cuivre de Rosières (Tarn) est un phosphate d'alumine et de plomb dans lequel l'analyse de M. Berthier n'a signalé ni fluor ni chlore, mais où l'acide phosphorique est uni à un peu d'acide arsénique (5).

---

(1) Dufrénoy, *Traité de minéralogie*, 2ᵉ édition, t. II, p. 474.
(2) *Id.*, *ibid.*, p. 476.
(3) *Id.*, *ibid.*, p. 481.
(4) *Id.*, *ibid.*, p. 478.
(5) *Id.*, *ibid.*, p. 476.

La *chlorophyllite*, minéral trouvé près de la mine de Neal, par M. le docteur Charles T. Jackson, contient une forte proportion de phosphate d'alumine mélangé à diverses autres substances (1).

L'*hydrophosphate d'alumine et de chaux* se trouve en galets dans les sables diamantifères des environs de Bahia, au Brésil (2).

La *childrenite*, phosphate hydraté d'alumine, de fer et de manganèse, se trouve dans les filons métallifères du Cornouailles et du Devonshire (3).

La *turquoise*, bien connue comme pierre précieuse, a une composition assez variable, où les éléments constants sont le phosphate d'alumine et les oxydes de cuivre et de fer; on y trouve fréquemment aussi du phosphate de chaux.

La turquoise provient des environs de Muschad ou Mesched, entre Tehéran et Hérat, en Perse. Elle forme des rognons gros au plus comme des noisettes, dans des argiles ferrugineuses qui, elles-mêmes, remplissent des fissures dans des terrains qui paraissent appartenir à des schistes siliceux (4).

Les autres minéraux phosphorés sont plus éloignés encore de toute analogie avec les produits organiques.

L'*yttria phosphatée* se compose d'yttria combinée avec de l'acide phosphorique mélangé d'un peu d'acide fluorique et accompagnée d'une petite quantité de sous-phosphate de fer. Ce minéral a été découvert dans les environs de Lindanaès en Norvége, dans un granit à petits grains. On l'a trouvé aussi à Johannisberg en Suède, associé à un minéral de cobalt (5).

L'*yttria hydrophosphatée* ou *castelnaudite* se trouve en

---

(1) *Id., ibid.*, p. 484.
(2) *Id., ibid.*, p. 478.
(3) *Id., ibid.*, p. 481.
(4) *Id., ibid.*, p. 483.
(5) *Id., ibid.*, p. 111.

fragments arrondis dans les sables diamantifères des environs de Bahia, au Brésil (1).

Le *cerium phosphaté* (*edwarsite*) a été trouvé dans les beaux escarpements de gneiss qui bordent le Yantic dans le Connecticut. Il est associé avec la bucholzite (variété de disthène), qui est fort abondante dans cette localité (2).

Le *phosphocérite* ou *cryptolithe* est un phosphate de protoxyde de cerium qu'on trouve à Tunaberg, en Suède, avec le minerai de cobalt (3).

L'*urane phosphaté* contient toujours, outre un phosphate d'urane, du phosphate de chaux et du phosphate de cuivre, qui se substituent dans la même proportion atomique. On a trouvé ce minéral dans les terrains anciens aux environs d'Autun, à Saint-Yrieix, à Joachimsthal (Bohême), et dans la mine de Gunnislake [Cornouailles] (4).

M. Dufrénoy distingue trois phosphates de cuivre, le *cuivre phosphaté*, le *cuivre hydrophosphaté* et le *dihydrite*. Le premier se trouve à Libethen, près de Neusohl, en Hongrie, et dans la mine de Gunnislake, en Cornouailles; le second s'observe à Virneberg près de Rheinbreitenbach, dans les provinces rhénanes, et le troisième à Nijney-Tagilsk dans l'Oural. On trouve aussi un phosphate de cuivre à Ratzbanya, en Hongrie (5).

Le *plomb phosphaté* contient généralement, outre le phosphate de plomb, une certaine quantité de chlorure de ce métal; souvent aussi il renferme une certaine quantité de fluorure de calcium remplaçant du chlorure de plomb, et quelquefois du phosphate de chaux en remplacement du phosphate de plomb (6).

Le plomb phosphaté contient fréquemment de l'acide ar-

---

(1) *Id.*, *ibid.*, p. 441.
(2) *Id.*, *ibid.*, p. 505.
(3) *Id.*, *ibid.*, p. 506.
(4) *Id.*, 2ᵉ édition, t. III, p. 323.
(5) *Id.*, *ibid.*, p. 374-382.
(6) *Id.*, 2ᵉ édition, t. III, p. 263-267.

sénique, remplaçant une quantité atomiquement équivalente
d'acide phosphorique, et le *plomb arséniaté* renferme de
même de l'acide phosphorique en proportion non définie.
Les deux acides se remplacent en toute proportion sans
changer la forme cristalline fondamentale, qui est toujours
un prisme à six faces régulier où la hauteur varie seulement dans les limites peu étendues que comportent les lois
de l'isomorphisme. D'autres minéraux à base de plomb
renferment aussi de l'acide phosphorique, en même temps
que de l'acide arsénique. L'acide phosphorique et l'acide
arsénique sont donc isomorphes, ainsi que nous l'avons déjà
dit (1). Le plomb phosphaté et le plomb arséniaté accom-
pagnent généralement dans les filons d'autres minerais mé-
talliques.

Le *plomb molybdaté basique*, que M. Boussingault a re-
cueilli au Paramo-Rico, près de Pompelona, dans une syénite
décomposée, et qu'il a analysé, contient, entre autres mélan-
ges, du phosphate de plomb (2).

Le *plomb-gomme*, du filon d'Huelgoat (Finistère), contient
un mélange de phosphate de plomb (3).

Plusieurs de ces minéraux renferment du fluor, en même
temps que de l'acide phosphorique qui s'y trouve en quantité
prépondérante, et peut-être les exemples de cette association
seraient-ils plus nombreux encore, si le fluor avait été plus
généralement recherché. Ce qu'il y a de vraiment singulier,
c'est que cette réunion constitue une analogie avec les
composés organiques qui, comme on l'a vu au commencement de ce travail, nous présentent aussi les deux corps réunis dans les dents et dans les os des animaux.

Une autre remarque importante à faire, c'est que dans
tous ces minéraux le phosphore se trouve uniquement à
l'état d'*acide phosphorique*. L'arsenic, dont nous avons signalé les analogies avec le phosphore, se présente sous des

---

(1) *Id.*, *ibid.*, p. 269.
(2) *Id.*, *ibid.*, p. 291.
(3) *Id.*, *ibid.*

formes plus variées. Il existe à l'état natif, et on le trouve à l'état d'arséniure aussi bien, et même beaucoup plus souvent, qu'à l'état d'arséniate. Le soufre se rencontre à l'état natif, à l'état de sulfure, à l'état de sulfate; le phosphore ne se trouve qu'à l'état de phosphate, et cette circonstance imprime à son rôle dans la nature minérale une simplicité qui se soutient dans la nature organique, où il existe aussi presque uniquement à l'état de phosphate. Il en est tout autrement, par exemple, de l'azote, qui existe à l'état natif, à l'état d'ammoniaque, à l'état d'acide nitrique, et qui entre dans une foule de composés organiques tels que l'albumine, la fibrine, etc.; dont les combinaisons, en un mot, sont à la fois plus nombreuses, plus complexes et plus mobiles.

La plupart des minéraux phosphatés, dont le catalogue nous a suggéré les remarques précédentes, ont leurs gisements principaux dans les roches cristallines anciennes où la cristallisation s'est développée avec toute sa puissance, ou bien dans les filons métallifères qui traversent soit ces mêmes roches, soit des roches schisteuses souvent métamorphiques. Le phosphore joue dans les filons un rôle à peu près comparable à celui de l'arsenic, auquel il s'associe quelquefois, et à celui de l'antimoine, du tellure, du soufre, du chlore, de l'iode, etc. (1). Ces corps n'existent presque jamais tous ensemble dans les filons, et moins encore dans les roches cristallines, ils semblent même quelquefois s'exclure mutuellement. Le phosphore, de même et plus encore que chacun des autres, manque très-souvent; aussi, quelque fréquente que soit la présence des minéraux phosphatés dans les roches cristallines anciennes et dans les gîtes métallifères, il est certain que le phosphore n'y est pas disséminé avec autant de généralité qu'on est fondé à le supposer relativement aux dépôts sédimentaires formés des débris remaniés et mélangés des formations antérieures à leur dépôt.

---

(1) Élie de Beaumont, *Bulletin de la Société géologique de France,* 2ᵉ série, t. IV, p. 1268 et 1333.

On trouve une preuve remarquable de cette assertion dans les gîtes de minerais de fer cristallins ou éruptifs , dont le phosphore est évidemment absent, au moins comme matière répandue dans toute la masse, tels que les gîtes de minerais de fer de l'île d'Elbe, déjà exploités du temps des Romains, les gîtes de minerais de fer de la Suède encaissés dans les anciens terrains cristallins, ceux de la province de Bone qui sont une des espérances de prospérité de notre colonie algérienne, et dans plusieurs autres du même genre. Ces minerais, qui, depuis l'enfance de la métallurgie, donnent des fers d'une bonté proverbiale, sont certainement exempts de phosphore, et ils contrastent à cet égard avec la plupart de ceux des terrains sédimentaires, à l'exception seulement de certains minerais de fer pisolithiques, comme ceux du Berry et des environs de Belfort, qui, peut-être, ont été déposés par des eaux minérales dépourvues d'acide phosphorique ou de toute autre manière exceptionnelle.

L'acide phosphorique n'est pas universellement répandu dans les sources thermales; mais il a été trouvé dans plusieurs de ces sources, dont les analogies avec les filons sont connues (1), et cette circonstance indique l'origine souterraine de l'acide phosphorique qui entre dans la composition des phosphates contenus dans un certain nombre de filons. Il sort en principe des mêmes foyers que l'acide phosphorique découvert dans les laves du Vésuve et de l'Etna.

Ainsi, lorsqu'on cherche à se rendre compte de l'origine première du phosphore, on voit qu'il est du nombre des corps simples qui se sont dégagés dès l'origine et qui se dégagent encore journellement des foyers intérieurs du globe. A tous les âges du monde la nature a pris soin de répandre le phosphore à la surface de la terre d'une manière très-générale, mais toujours en petite quantité. La présence des minéraux phosphatés dans les roches cristallines anciennes et dans les roches éruptives subséquentes fait concevoir que

---

(1) *Id.*, *ibid.*, p. 1260 et 1333.

l'acide phosphorique a dû se trouver disséminé, en général, dans les dépôts sédimentaires, et explique comment il s'est rencontré dans les matières meubles superficielles, où ont crû les premiers végétaux, qui l'ont fourni ensuite aux animaux. Les uns et les autres, en se décomposant après la mort, l'ont laissé dans la terre végétale et dans les dépôts meubles superficiels, où il retourne sans cesse après avoir joué son rôle dans le règne organique.

De même que le carbone se trouve, sous forme de diamant, dans les roches cristallines anciennes, se dégage sans cesse du sein de la terre sous forme d'acide carbonique et se fossilise dans les débris végétaux et animaux qui font partie des dépôts sédimentaires, de même aussi le phosphore se trouve au milieu des roches cristallines anciennes, dans une foule de minéraux cristallisés, se dégage du sein de la terre, sous forme d'acide phosphorique et de phosphates, dans les eaux minérales et dans les laves des volcans, et se fossilise dans les débris organiques enveloppés dans les dépôts sédimentaires.

L'acide phosphorique paraît être répandu, comme l'acide carbonique, dans les eaux de la mer, mais en proportion infiniment petite.

Le phosphore est, de même que le carbone, un des corps simples dont l'analyse chimique a constaté la présence dans les aérolithes (1).

### REMARQUES GÉNÉRALES.

Ce que nous avons fait pour le phosphore, on pourrait le faire aussi pour plusieurs autres corps simples en le modifiant, pour chacun d'eux, suivant leurs propriétés respectives et suivant leur abondance plus ou moins grande à la surface du globe ; et rien ne serait plus propre peut-être à faire bien apprécier le rôle du phosphore dans le monde

---

(1) *Bulletin de la Société géologique de France*, 2ᵉ série, t. IV, p. 1257 et 1333.

modifié par l'homme, que de considérer du même point de vue le rôle que jouent les autres corps simples qui entrent avec le phosphore dans la composition des corps organisés.

Les soixante corps simples qui forment le répertoire de la chimie n'entrent pas tous dans la constitution des végétaux et des animaux. Si on fait abstraction de ceux qu'on y fait pénétrer quelquefois comme poisons ou comme remèdes, on n'y en trouve guère que seize, qui sont, avec le phosphore et le fluor, l'oxygène, l'hydrogène, le carbone, l'azote, le chlore, le soufre, le potassium, le sodium, le calcium, le magnésium, le fer, le manganèse, l'aluminium, le silicium.

Parmi ces seize corps simples, il en est quatre qui, sous le rapport de la proportion dans laquelle ils entrent dans la composition des corps organisés et de la manière dont ils concourent aux phénomènes de la vie, sont de beaucoup les plus importants pour l'organisation végétale et animale. Ces quatre corps, éléments essentiels de tous les composés dont s'occupe la chimie organique, sont l'*oxygène*, l'*hydrogène*, le *carbone* et l'*azote*. En réunissant les compositions d'un grand nombre de plantes, on trouve que, dans leur ensemble, les 95 centièmes de leur substance solide sont exclusivement composés de ces quatre corps, et que 5 centièmes seulement consistent en sels minéraux dans lesquels entre encore une proportion considérable d'oxygène.

Pendant longtemps on a cru que les trois premiers de ces corps simples jouaient seuls dans les végétaux un rôle essentiel, et que la présence de l'azote caractérisait exclusivement les matières animales; mais M. Gay-Lussac a montré que toutes les semences contenaient de l'azote (1). Cet illustre chimiste, rappelant ce que l'on savait de la présence des matières de nature animale dans plusieurs graines, par exemple du gluten dans le Froment, ajoute que toute semence renferme une matière animalisée;

---

(1) Gay-Lussac, *Annales de chimie et de physique*, 2ᵉ série, t. LIII, p. 110.

Que toutes les graines soumises par lui à la distillation ont donné de l'ammoniaque soit immédiatement, ce fut le très-grand nombre, soit après addition de chaux.

La présence de la matière azotée explique, dit M. Gay-Lussac, la qualité si nutritive des graines, l'étonnante fécondité, comme engrais, du résidu que laissent les graines après l'extraction de l'huile qu'elles contiennent presque toutes. Toutefois ces notions, au point de vue de la matière azotée des engrais, n'étaient pas alors sans précédent, car déjà M. Payen avait indiqué (1) la production *du carbonate d'ammoniaque, dont la quantité est relative à celle de la matière animale*, comme la base de l'appréciation des engrais, et préludant, dès lors, à ses travaux ultérieurs sur ces parties, le savant chimiste ajoutait, en propres termes : « On pourrait obtenir une appréciation plus rigoureuse encore de la qualité de ces engrais en recueillant les produits gazeux dans un excès d'acide sulfurique étendu, puis constatant la quantité d'acide saturé, ce qui serait facile par le complément de la saturation avec une solution alcaline connue (*voyez* ALCALIMÈTRE et SATURATION). » Nous pouvons ajouter que ce mode d'essai perfectionné est aujourd'hui généralement en usage pour la détermination de l'azote des substances animales et végétales (2).

On conçoit, d'après cela, que plus la matière azotée sera abondante, plus les engrais auront de puissance végétative, surtout à l'égard des plantes dont les semences et quelquefois les feuilles, comme dans le Tabac, s'assimilent une grande quantité de matière animale. La présence d'une matière azotée dans les semences est, sans doute, une condition essentielle de leur fécondité et de leur développement, qui aurait lieu pour tout corps organisé (3).

M. Payen a prouvé aussi que les parties les plus nouvelles

(1) Article POUDRETTE du grand *Dictionnaire technologique* en 21 vol., tome XVII, publié en 1830.

(2) Procédé de MM. Will et Warentrap, perfectionné par M. Peligot.

(3) De Gasparin, *Principes de l'agronomie*, p. 26 et 35.

des végétaux (l'extrémité des jeunes pousses, bourgeons ou racines) sont plus riches en azote que les parties les plus anciennes, et que la différence est quelquefois considérable, et, poursuivant ces recherches dans les autres organes, il en a trouvé dans tous sans exception, et d'autant plus abondamment que les tissus étaient plus jeunes et doués d'une plus grande énergie vitale (1).

L'*oxygène* et l'*azote* sont les deux principes constituants essentiels de l'atmosphère dans laquelle les animaux et les végétaux terrestres sont constamment plongés et avec laquelle ils sont partout dans des rapports semblables sur lesquels il n'y a pas lieu de chercher à influer, si ce n'est pour empêcher les animaux et les végétaux de manquer d'air. Il y a, toutefois, entre l'oxygène et l'azote cette différence capitale, que l'oxygène est tellement essentiel à la vie, qu'on ne peut modifier considérablement la manière dont les animaux et les végétaux le reçoivent sans s'exposer à les faire périr (2), tandis que les secours que l'industrie humaine peut prêter au développement des êtres organisés consistent, en grande partie, à leur faciliter l'absorption de l'azote ou à leur fournir des aliments azotés.

Le *carbone* se trouve partout aussi dans l'atmosphère et dans l'eau sous forme d'acide carbonique, dont la quantité varie et est susceptible d'être augmentée artificiellement, et c'est de ce gaz que les végétaux tirent la plus grande partie de leur carbone par le mode de respiration qui leur est propre.

L'*oxygène* et l'*hydrogène* sont les éléments de l'eau, qui, répandue dans l'atmosphère à l'état de vapeur et imprégnant le sol sous forme liquide, fournit aux végétaux l'hydrogène qui leur est nécessaire (3), en même temps qu'elle concourt à leur fournir l'oxygène.

---

(1) Payen, *Mémoires des savants étrangers*, t. VIII, p. 177 et 208.

(2) De Gasparin, *Cours d'agriculture*, 2ᵉ édition, t. Iᵉʳ, p. 479, 502 (1846), et *Principes de l'agronomie*, p. 33.

(3) De Gasparin, *Cours d'agriculture*, 2ᵉ édition, t. I, p. 502 (1846).

L'eau y pénètre aussi en nature, car c'est en grande partie
à l'état d'eau que l'oxygène et l'hydrogène existent dans les
végétaux. L'un des principaux phénomènes de la végétation
consiste en ce que l'eau absorbée par les racines des végétaux va s'évaporer sans cesse à la surface de leurs feuilles (1),
après avoir parcouru toute la longueur de leurs vaisseaux,
où elle sert de milieu et d'agent à une foule de phénomènes
essentiels à leur vie et à leur développement; aussi ne peut-
on conserver vivantes des plantes privées d'humidité (2).

L'eau leur est indispensable, la sécheresse les fait périr,
et de là la nécessité des arrosements et des irrigations; mais
les plantes n'ont jamais été arrosées avec de l'*eau pure*, avec
de l'*eau distillée*, que dans certaines expériences physiolo-
giques faites avec un soin tout particulier. La rosée et la pluie,
qui sont le moyen d'arrosage naturel des forêts et de la plupart des cultures, et qui sont souvent citées comme le type
de l'eau la plus pure, fournissent aux plantes, avec l'eau,
l'acide carbonique qui, lorsqu'il est dissous dans l'eau, agit
plus encore peut-être comme réactif que comme aliment, et
les substances azotées qu'elles tiennent en dissolution et qui
sont pour les plantes une nourriture substantielle. L'eau qui
humecte les végétaux leur fournit encore presque toujours
quelques autres substances, et elle leur est tout aussi nécessaire comme véhicule des matières qu'elle transporte et
comme milieu où ces matières peuvent agir qu'en qualité
d'aliment proprement dit.

L'acide carbonique et les composés de l'azote ne sont pas
moins essentiels que l'air et l'eau au développement des végétaux, et il est admirable de voir que deux des grands mécanismes de la nature ont pour effet de renouveler sans cesse
dans l'atmosphère, qui les cède aux eaux, ces deux aliments
fondamentaux du règne végétal. « Des bouches de volcans,
dont les convulsions agitent si souvent la croûte du globe,

---

(1) *Idem*, *ibid*, p. 178-183.
(2) De Gasparin, *Principes de l'agronomie*, p. 27.

s'échappe sans cesse, disait, il y a quelques années, l'un de nos plus éloquents professeurs, la principale nourriture des plantes, l'acide carbonique ; de l'atmosphère enflammée par les éclairs , et du sein même de la tempête , descend sur la terre cette autre nourriture non moins indispensable des plantes , celle d'où vient presque tout leur azote, le nitrate d'ammoniaque, que renferment les pluies d'orage (1). »

Depuis les célèbres expériences de Cavendish , et surtout depuis les observations de M. Boussingault, la nature et l'origine des substances azotées que l'atmosphère fournit aux plantes ont constamment piqué la curiosité des physiciens et des chimistes. M. Liebig , ayant analysé soixante-dix-sept échantillons différents d'eaux de pluie, dont dix-sept provenant d'orages, trouva que ces dernières contenaient toutes de l'acide nitrique, et que, parmi les autres, deux seulement en offraient quelques traces (2). On s'était aussi demandé si d'autres causes que les orages ne pouvaient pas concourir à la production des substances azotées fournies par l'atmosphère ; mais ce n'est que récemment qu'on a songé à faire de ces substances l'objet de mesures précises.

Dans ces dernières années, M. Barral s'est occupé d'en déterminer la proportion dans les eaux de pluie recueillies à l'observatoire de Paris. M. Arago , chargé de faire à l'Académie des sciences un rapport sur cet important travail , a annoncé que , d'après des appréciations qui pourront être modifiées dans la suite, l'auteur fixe à 31 kilogr. le minimum d'azote que les eaux pluviales qui traversent l'atmosphère de Paris ont dû répandre en un an sur 1 hectare de terrain... M. Barral examine, dans un chapitre à part, quelles sont les proportions relatives de l'azote provenant de l'acide azotique (nitrique) et de l'ammoniaque. Son résultat est que, sur les 31 kilogr. fournis en un an à 1 hectare de terrain, 9 proviennent de l'ammoniaque et 22 de l'acide azotique (3).

(1) Dumas , *Essai de statique chimique des êtres organisés*, p. 9.
(2) Isidore Pierre , *Chimie agricole* , p. 157.
(3) Rapport sur un travail de M. Barral , intitulé : *Premier mémoire*

Examinant ensuite, vers la fin de son rapport, quel degré de généralité on pourrait attribuer à ces mesures, et ne voulant rien préjuger sur les expériences nouvelles qu'il suggère lui-même, M. Arago fait observer qu'il y aurait lieu d'examiner dans quelle mesure les résultats obtenus à l'observatoire sont affectés par les émanations de toute nature que ne peut manquer de produire une grande ville telle que Paris, et il ajoute :

« On devra également se demander quelle est la composition de l'eau pluviale tombée en rase campagne, loin de toute ville populeuse et de toute manufacture. Quand ce problème sera résolu, on pourra décider si l'acide azotique et l'ammoniaque jouent un rôle essentiel et général dans les phénomènes agricoles; si la production de ces composés azotés s'opère dans toutes les régions de l'atmosphère, ou si elle est bornée à des localités particulières. Alors, mais seulement alors, on saura, comme le remarque M. Barral, si dans l'acide azotique atmosphérique réside l'explication des jachères et de ces mots mystérieux si en vogue parmi les cultivateurs : « Il faut que la terre se repose quelquefois. » Alors, mais seulement alors, on trouvera peut-être la cause des nitrifications spontanées et annuelles qu'on observe dans certains terrains et qu'on n'a rattachées jusqu'ici à aucune cause satisfaisante (1). »

La forme dubitative dans laquelle l'illustre rapporteur s'était exprimé en signalant ces questions importantes, qu'il est déjà si utile d'avoir nettement posées, a été justifiée, du moins en partie, par les travaux subséquents de M. Boussingault. En effet, les résultats obtenus dans de nombreuses expériences par ce savant physicien, auquel la science agro-

sur les eaux de pluie recueillies à l'observatoire de Paris, par MM. Dumas, Boussingault, de Gasparin, Regnault, Arago, rapporteur. *Comptes rendus hebdomadaires des séances de l'Acad. des sciences*, t. XXXIV, p. 828 (1852).

(1) Rapport.. *Comptes rendus hebdomadaires des séances de l'Académie des sciences*. t. XXXIV. p. 833.

nomique doit plusieurs de ses progrès les plus remarquables,
paraîtraient établir que la pluie tombée dans les champs
renferme notablement moins d'ammoniaque que la pluie recueillie dans une ville (1). M. Barral porte, en moyenne, à
3 milligr. 35 l'ammoniaque contenue dans 1 litre d'eau de
pluie tombée sur la terrasse de l'observatoire. A la campagne,
M. Boussingault n'en a trouvé, en moyenne, que 0 milligr. 50, ou un demi-milligramme (2). L'eau provenant de
la rosée en contient généralement plus que l'eau de pluie, et,
sous le rapport de la richesse en ammoniaque, l'eau provenant de la condensation du brouillard ne le cède pas à la
rosée (3). Il résulte, en somme, des expériences de M. Boussingault, faites à la campagne, en Alsace, sur les pentes de
la montagne du Liebfrauenberg, qui fait partie des Vosges
et qui touche à de vastes forêts, que si, en rase campagne,
les eaux atmosphériques contiennent moins d'ammoniaque
qu'à Paris, elles n'en sont cependant jamais complétement
dépourvues.

Un fait qui contribue à prouver que l'ammoniaque existe
généralement dans l'eau de pluie, c'est que cet alcali existe
aussi dans l'eau des rivières que les pluies alimentent. Dès
1811, M. Chevreul en a constaté la présence dans l'eau de
la Seine (4); M. Boussingault en a mesuré plus récemment
la proportion dans un grand nombre de cours d'eau (5). Il y
a cependant cela de singulier, que l'eau des rivières contient
moins d'ammoniaque qu'on n'en trouve, en moyenne,
même dans l'eau de pluie recueillie à la campagne ; mais ce
fait pourrait probablement s'expliquer en remarquant simplement, avec M. Boussingault, que, lorsqu'on fait évaporer
une eau ammoniacale, l'ammoniaque passe avec les premiers

---

(1) Boussingault, *Comptes rendus hebdomadaires des séances de l'A-
cadémie des sciences*, t. XXXVII, p. 207.
(2) Boussingault, *ibid.*, p. 806.
(3) *Id.*, *ibid.*, p 803
(4) *Id.*, *ibid.*, t. XXXVI, p. 815
(5) *Id.*, *ibid.*, t. XXXVII, p. 208.

produits de la distillation ; de sorte que l'eau de pluie pourrait être privée d'une partie de son ammoniaque en raison simplement de ce qu'elle s'évapore en partie en même temps qu'elle coule.

En tout état de cause, et lors même que les eaux de pluie ne contiendraient pas plus d'ammoniaque, en moyenne, que les eaux de rivière et que l'eau de la mer, où M. Boussingault en a également trouvé, le seul fait de sa présence constante dans les eaux répandues sur le globe suffirait, relativement à cette substance, pour résoudre affirmativement, c'est-à-dire dans le sens de l'énoncé de M. Dumas, les questions posées par M. Arago.

Il ne parait pas douteux que, relativement à l'acide nitrique produit par les décharges électriques, la solution finale ne doive être également affirmative ; car, d'après M. Boussingault, qui a fait, sur tous ces points, des expériences et des observations du plus haut intérêt, si certaines eaux exercent, sur les prés, des effets extrêmement marqués, quoique souvent elles renferment des traces à peine dosables d'ammoniaque, c'est que ces eaux contiennent ordinairement des nitrates qui concourent, comme l'ammoniaque, mieux même que l'ammoniaque, à la production végétale (1).

La question relative à la nitrification, que pose en dernier lieu M. Arago, trouvera probablement aussi sa solution, du moins pour beaucoup de cas, dans l'acide nitrique provenant de l'atmosphère. M. Boussingault pense que, dans les contrées tropicales, la fréquence des orages, le nombre et la violence des détonations électriques suffiraient seuls pour l'explication des phénomènes de nitrification qui s'y opèrent. Cet habile observateur a reconnu qu'à Rio-Bamba le salpêtre se formait, de préférence, dans les localités où les orages étaient le plus fréquents (2) ; mais, quelque variées que puissent être les causes de la nitrification, il est certain que

_______

(1) *Id.*, *ibid.*, t. XLI. p. 855, 1853.

(2) Boussingault, *Annales de chimie et de physique*, t. LVII, p. 180 (2ᵉ série).

ce phénomène touche de près à l'agriculture ; car, si les calcaires poreux exposés à l'air se nitrifient annuellement, il
pourrait bien en être de même de la surface poreuse d'un
sol calcaire, ou même seulement calcarifère. M. Kuhlmann,
auquel on doit tant d'ingénieuses expériences sur la chimie
agricole, pense que, dans les terres cultivées, la nitrification
s'opère probablement à la surface du sol , et que les nitrates
se transforment en ammoniaque ou en sels ammoniacaux,
lorsqu'ils sont parvenus à une certaine profondeur (1).

L'eau, qui sert de véhicule aux produits de ces phénomènes et qui, humectant le sol, les met en contact avec les racines des plantes , concourt de plus d'une manière à leur
développement : avec l'acide carbonique et les composés de
l'azote, elle leur amène d'autres principes également indispensables à leur organisation , et elle constitue le milieu et,
pour ainsi dire , le laboratoire dans lequel s'opèrent, par
les réactions mutuelles de ces divers éléments, quelques-uns
des phénomènes les plus essentiels pour la végétation.

L'eau, en contact avec l'atmosphère, est toujours plus ou
moins imprégnée d'acide carbonique auquel elle permet
d'agir d'une manière particulière et de produire des effets
très-importants pour la vie végétale, particulièrement en fa-
cilitant la dissolution des phosphates contenus dans le sol,
ainsi qu'on le comprend d'après la belle expérience, déjà
citée, de M. Dumas, dont les aperçus lumineux ont jeté tant
de jour sur toutes les parties de la physiologie.

L'eau fournit même quelquefois aux plantes les substances que leur refuserait le sol où elles sont fixées. Il est vrai
que, sauf la poussière qu'elles peuvent entraîner, la rosée, la
pluie, la neige elle-même ne contiennent pas de sels minéraux, et que les plantes les mieux arrosées par elles pourraient périr, comme en Sologne, faute de certaines substances ; mais les eaux courantes constituent un moyen d'arrosage
infiniment supérieur, sous ce rapport, aux eaux du ciel.

(1) Isidore Pierre, *Chimie agricole*, p. 463

D'après un ouvrage dont l'utilité pratique n'est peut-être pas encore suffisamment appréciée, l'*Annuaire des eaux*, publié, sous les auspices de M. Dumas, par M. Charles Sainte-Claire Deville, la plupart des eaux potables des sources, fleuves et rivières... contiennent les composés ci-dessous ou leurs éléments, savoir : acide silicique (silice), bicarbonate de chaux et de magnésie, sulfate de chaux, chlorure de sodium, traces d'azotates (nitrates), de chlorure de potassium, de bromures et d'iodures, acide carbonique, azote, oxygène, matières organiques azotées et non azotées (1).

Il en est de même dans tous les pays ; ainsi, d'après M. Ville, ingénieur en chef des mines à Alger, les eaux potables des provinces d'Oran et d'Alger renferment trois classes principales de sels : des chlorures, des sulfates et des carbonates. Quelques-unes renferment des nitrates (ou azotates) et de la silice gélatineuse ; toutes renferment de la matière organique (2).

On voit donc que le chlore (et ses compagnons habituels, le brome et l'iode), le soufre, le potassium, le sodium, le calcium, le magnésium, le silicium ne peuvent presque jamais faire complétement défaut aux plantes arrosées par des eaux d'irrigation. Indépendamment de leur utilité pour prévenir les inconvénients de la sécheresse, ces eaux, fussent-elles même parfaitement limpides, sont un véritable amendement et un de ceux dont les principes sont le plus variés ; mais, outre les substances qu'elles dissolvent, les eaux charrient presque toujours quelques troubles qu'elles déposent sous forme de limon, et ce limon est un second engrais qui contient encore de nouveaux principes, au nombre desquels se trouvent, en général, le phosphore et le fluor, qui complètent la série des corps simples nécessaires à la végétation.

Il en résulte qu'il ne manque jamais rien d'essentiel, pour

_______________

(1) Charles Sainte-Claire Deville, *Annuaire des eaux de la France pour 1851*, p. 5.

(2) Ville, *Recherches sur les roches, les eaux et les gîtes minéraux des provinces d'Alger et d'Oran*, p. 225.

le développement des végétaux, aux terres sur lesquelles les rivières débordent de temps à autre, et que les parties plates des vallées sujettes aux débordements sont, en général, comme l'Égypte, la Mésopotamie, les rives basses et *non endiguées* du Rhône, des modèles de fécondité. Et, pour terminer ces remarques sur les impuretés que les eaux renferment si heureusement, j'ajouterai que, si, au lieu de se borner à drainer la Sologne pour la débarrasser des eaux du ciel, on pouvait, en même temps, parvenir à l'arroser avec les eaux limoneuses et calcarifères de la Sauldre, du Cher et de la Loire, on en ferait peut-être, au bout de quelque temps, un excellent pays ; mais les canaux d'irrigation gigantesques des Maures de Grenade seraient eux-mêmes au-dessous d'une pareille entreprise.

L'air concourt avec l'eau, quoique dans une mesure plus restreinte, à fournir aux plantes les substances minérales qui leur sont nécessaires. L'oxygène, l'azote, l'acide carbonique, la vapeur d'eau, une très-minime quantité d'hydrogène carboné, sont à peu près les seuls éléments de l'atmosphère dans son état de pureté ; mais, comme l'a remarqué M. Arago dans un rapport déjà cité, « les vents, les ouragans, les trombes qui agitent si violemment ses couches dans tous les climats ; mais le courant ascendant, effet des inégalités de température, qui transporte journellement dans les plus hautes régions l'air qui primitivement était en contact avec le sol, altèrent souvent cette composition normale et mêlent accidentellement à l'oxygène, à l'azote, à l'acide carbonique les poussières, les molécules aqueuses plus ou moins chargées de principes salins, enlevées à l'écume qui se forme près des récifs et des rivages, et qu'on pourrait presque appeler la poussière de l'Océan (1). »

----

(1) Rapport sur un travail de M. Barral intitulé, *Premier mémoire sur les eaux de pluie recueillies à l'observatoire de Paris*, par MM. Dumas, Boussingault, de Gasparin, Regnault, Arago, rapporteur. (*Comptes rendus hebdomadaires des séances de l'Académie des sciences*, t. **XXXIV**, p. 826, 1852.)

Ces particules salines qui viennent de la mer permettent
de concevoir comment les eaux pluviales renferment quelquefois de grandes quantités de sels alcalins. M. Isidore
Pierre a trouvé, dans les eaux de pluie recueillies à Caen
pendant dix-sept jours du mois de mars 1851, un résidu
salin pesant 26 millièmes du poids de l'eau, pouvant donner,
par hectare, 57 kilogr. 1/2 de chlorures, dont les 3/4 à l'état
de sel marin, plus 33 kilogr. de sulfates divers (de soude, de
magnésie, etc.), contenant plus de la moitié de leur poids
d'acide sulfurique, sels suffisants pour fournir à trois récoltes
de Betteraves, dix d'Avoine et vingt-cinq de Froment (1).
Si l'on finit par trouver dans l'eau de pluie toutes les substances qui sont dissoutes dans l'eau de la mer, on devra
y trouver aussi des phosphates; mais, comme l'eau de la
mer n'en contient qu'une très-faible quantité, on ne peut
guère compter que cette source soit assez abondante pour
compenser les pertes occasionnées par les récoltes (2).

De même que les eaux des rivières couvrent la terre de
limon, les eaux de pluie et l'air lui-même, peut-être, déposent sans cesse, en quantités infiniment petites, des principes minéraux dont l'accumulation dans les plantes a lieu de
surprendre l'observateur trop peu attentif. On comprend la
réunion presque universelle de ces principes multipliés, en
admettant l'apport, par l'atmosphère, de substances minérales
extrêmement divisées (3). Le vent transporte, en effet, de la
poussière qui n'est autre chose que du *limon sec* et qui, par
conséquent, est également un engrais. C'est même un engrais d'une composition plus variée et, par conséquent, plus
salutaire encore que le limon des rivières, parce que le vent
amène de la poussière de tous les points de l'horizon après
l'avoir recueillie sur des terres de compositions diverses.

M. Boussingault, qui a fait, au sujet de la poussière, des

---

(1) De Gasparin, *Principes de l'agronomie*, p. 105, et Isidore Pierre,
*Chimie agricole*, p. 543 et 552.

(2) *Id., ibid.*, p. 103.

(3) Bobierre, *le Noir animal*, etc., p. 54.

remarques pleines d'intérêt et de sagacité, rappelle que Bergman a parfaitement caractérisé ces atomes fugitifs en les appelant *les immondices de l'atmosphère* (1). Dans les travaux chimiques auxquels on cherche à donner une très-grande précision, on n'oublie pas de préserver les vases de la poussière qui pourrait y tomber. Si on voulait faire des expériences d'une précision absolue sur la végétation d'une plante dans un sol donné, il faudrait l'arroser avec de l'eau distillée et la tenir renfermée dans une cage vitrée où l'air ne pénétrerait qu'à travers un appareil de lavage.

La nécessité de ces précautions met en évidence la variété infinie des ressources que la nature s'est réservées pour faire que les semences qu'elle répand partout avec une si étonnante profusion puissent, à la rigueur, trouver presque en tout lieu les moyens de se développer et de perpétuer leur espèce. Mais, en analysant ces mécanismes admirables par leur simplicité et leur spontanéité, on peut remarquer que, de tous les corps simples nécessaires à la croissance des végétaux, le phosphore et le fluor sont ceux dont la présence en tout lieu est le moins efficacement assurée. C'est donc à l'homme à y pourvoir pour les *cultures* qui doivent le nourrir.

La digression à laquelle nous venons de nous livrer au sujet de l'eau et de l'air nous a conduit à parler de tous les corps simples qui entrent dans la composition des végétaux, et il aurait été difficile de l'éviter, car le mécanisme de la nature est si merveilleusement adapté à l'entretien de la vie, qu'avec l'eau et l'air il fournit aux végétaux, en proportion plus ou moins grande, tous les corps qui leur sont nécessaires.

L'observation de ce que fait ainsi la nature pour empêcher partout la vie de s'éteindre faute des aliments indispensables est bien propre, sans doute, à nous suggérer l'idée de ce que nous pouvons faire, à notre tour, pour lui donner, par la culture, un développement plus étendu.

---

(1) Boussingault, *Comptes rendus hebdomadaires des séances de l'Académie des sciences*, t. **XXXVII**, p. 805.

Les êtres organisés ont besoin, pour se développer, du concours des quatre éléments, le *feu*, l'*air*, l'*eau* et la *terre*.

Les plantes ne peuvent prospérer que sous l'action vivifiante du soleil. Le prisme de Newton, en analysant les rayons de l'astre du jour, a permis de distinguer, à côté des rayons qui éclairent, les rayons obscurs qui ne font qu'échauffer, et les rayons chimiques qui jouent un rôle principal dans les phénomènes de la végétation, sur lesquels l'électricité paraît exercer aussi une grande influence (1). Sous leur nom mystérieux de *feu* les anciens comprenaient tous ces principes d'action dont ils ne pouvaient avoir qu'une notion confuse, qui cependant était vraie.

L'*air* comprend, avec l'oxygène et l'azote, l'acide carbonique et la vapeur d'eau qui y sont constamment répandus. C'est ce qui a permis à l'un de nos plus illustres chimistes de dire, avec autant de justesse que d'élégance, que *les corps organisés ne sont que de l'air condensé* (2). Toutefois, comme il est aussi impossible aux plantes de se développer sans le concours des substances qui restent dans leurs cendres, lorsqu'on les brûle, qu'aux animaux de respirer sans les substances qui forment les *os de leurs côtes*, on doit sans doute, et c'est ce que nous faisons ici, tenir grand compte des matières terreuses nécessaires à la vie; mais il n'en est pas moins vrai que les phénomènes vitaux consistent, avant tout, en réactions chimiques, qui s'opèrent entre l'oxygène, l'hydrogène, le carbone et l'azote. Ces phénomènes sont différents dans les plantes et dans les animaux ; les premières sont les appareils réducteurs, les seconds sont les appareils de combustion (3), et de la simultanéité de l'action des plantes et des animaux résulte l'équilibre merveilleux qui conserve inaltérée, de siècle en siècle, la proportion des éléments de l'atmosphère.

---

(1) De Gasparin, *Cours d'agriculture*, 2ᵉ édition, t. I, p. 481, 1846.

(2) Dumas, *Essai de statistique chimique des êtres organisés*, 2ᵉ édit., 1842, p. 5.

(3) *Id.*, *ibid.*, p. 7.

*L'eau*, qui, lorsqu'elle se meut ou s'agite en contact avec
l'atmosphère, est toujours chargée d'air, d'acide carbonique
et de composés azotés, contient ainsi les quatre principes
essentiels à l'accomplissement des phénomènes vitaux, et
elle les fournit à sa manière aux plantes aquatiques et aux
poissons, de même qu'aux racines des végétaux terrestres,
qui périssent par l'effet de la sécheresse lorsqu'elle cesse de
les humecter.

La *terre* joue un rôle non moins essentiel, mais plus compliqué et plus difficile à définir brièvement. Elle fournit
d'abord aux végétaux un support qui leur est à peu près indispensable ; car, à moins de descendre aux ordres les plus inférieurs, à quoi se réduit le nombre des plantes qui végètent
sans racines (1)? Sir Humphry Davy disait que le sol est une

---

(1) L'étude physiologique des plantes dépourvues de racines vient elle-
même à l'appui des principes qui sont ici développés, ainsi qu'on en pourra
juger par la note suivante, que notre savant confrère M. Payen a bien voulu
me communiquer avec son obligeance habituelle.

*Nutrition des Orchidées fausses parasites et des Lichens.* — Jusque
dans ces derniers temps, les plantes fausses parasites ( Épiphytes ou Épi-
dendres ), telles que certaines Orchidées, y compris celles qui peuvent se
développer dans nos serres, n'ayant d'autre support qu'un fil métallique
( de plomb, de zinc ou de fer ), étaient considérées comme puisant leur
nourriture exclusivement dans les gaz, les vapeurs ou l'eau pure de l'atmosphère.

On avait présenté cette opinion générale comme une objection sérieuse
à la théorie de la nutrition des végétaux, et notamment à la loi de la dis-
tribution des substances minérales dans les tissus des plantes.

M. Payen, en vue d'apprécier la valeur de ces conjectures, s'est livré à
de nombreuses recherches dont il a communiqué les résultats aux Sociétés
impériales et centrales d'horticulture (13 et 27 mars 1856, *Journal de la
Société*, p. 137, 140 et 141) et d'agriculture (21 mai et 25 juin 1856); il en
résulte que toutes ces plantes *aériennes*, ainsi que des Lichens développés
sur les laves du sommet du pic de Ténériffe ( le *Stereocaulon vesuvia-
num*, Mont., le *Lecanora elegans* des Pyrénées-Orientales, sur le granit,
à 1,500 mètres au-dessus du niveau de la mer, etc.), contiennent 6 à 20
pour 100 de leur substance sèche, de matières minérales ; que celles-ci
sont réparties, à l'intérieur du tissu végétal, dans des organismes distincts
et non au hasard ; qu'ainsi l'on doit admettre la nécessité des éléments
minéraux ( silice, sels alcalins, calcaires et magnésiens, phosphates ) dans
la nutrition de ces plantes, et variables suivant leurs aptitudes et leurs

espèce de laboratoire dans lequel se préparent une partie des éléments destinés à la végétation(1); à la rigueur, ce laboratoire pourrait être formé de matières tout à fait inertes. Son rôle physique est indépendant de la composition de la terre, et on peut faire croître des végétaux dans du sable siliceux, du verre pilé ou de la fleur de soufre que les racines ne peuvent décomposer ; dans de l'éponge de platine ou de la poudre d'or, qui ne peuvent absolument rien céder aux plantes. Un sol de platine ou d'or ne serait qu'un milieu poreux dont les interstices, remplis d'eau, constitueraient le laboratoire dans lequel s'opéreraient les phénomènes souterrains de la végétation, pouvu que les principes nécessaires à ces phénomènes n'y manquassent pas ; c'est-à-dire pourvu qu'on fournît artificiellement aux plantes toutes les substances terreuses qui leur sont indispensables, comme la nature le fait presque toujours dans une certaine mesure, ainsi que nous l'avons vu précédemment, par les matières dissoutes ou suspendues dans l'eau et dans l'air.

Mais, dans la réalité, la terre n'a pas ce degré d'inertie ; c'est, au contraire, une mère nourricière dans le sein de laquelle les radicelles des plantes sucent les substances terreuses qui leur sont nécessaires.

Ces substances, qui, pour les plantes, sont la quintessence de la terre, sont celles qui entrent dans la composition de leurs cendres ; substances qui contiennent douze corps simples étrangers à l'air et à l'eau, et qui doivent toujours venir directement ou indirectement de la terre, savoir : le *potassium*, le *sodium*, le *calcium*, le *magnésium*, le *fer*, le *man-*

---

besoins ; que l'on peut comprendre comment les fausses parasites reçoivent cette nourriture sous les climats chauds, en voyant les poussières atmosphériques s'accumuler dans leurs radicelles, qui se succèdent superposées, flottant dans l'air, enchevêtrées et retenant une foule de corpuscules minéraux salins organiques amenés par les vents comme par les eaux pluviales ruisselant à la superficie des grands végétaux ligneux qui les supportent.

(1) Isidore Pierre, *Chimie agricole*, p. 75.

ganèse, l'*aluminium*, le *silicium*, le *chlore*, le *fluor*, le *soufre*, et enfin le *phosphore*, qui est le plus précieux comme étan le plus rare.

Il n'y a pas un végétal, pas un animal qui n'ait tiré de la terre ces douze corps simples, par une voie plus ou moins directe ; et l'art de favoriser leur développement, c'est-à-dire l'art agricole, consiste en partie à leur faciliter les moyens de se fournir de ces principes indispensables.

Mais comme ces douze corps simples, quoique peut-être également nécessaires, n'entrent pas en quantités égales dans les corps organisés, et que, d'ailleurs, ils ne sont pas également rares, ils n'appellent pas tous, de la part des agriculteurs, la même somme de soins.

A notre point de vue d'utilité agronomique, nous pourrons d'abord nous abstenir de parler du *fluor*, qui suit presque toujours le phosphore.

La remarque en avait déjà été faite par M. Daubeny, dans son mémoire cité précédemment sur la chaux phosphatée de l'Estramadure. Après avoir annoncé que ce minéral contient 14 pour 100 de fluorure de calcium, le savant professeur d'Oxford rappelle que sept variétés d'apatite (chaux phosphatée), analysées par M. Gustave Rose, ont donné de 4,59 à 7,69 de fluorure de calcium, et il signale à l'attention des chimistes l'association du fluor et du phosphore qui se rencontre dans la phosphorite de l'Estramadure comme dans les dents et les ossements récents et fossiles.

Cette association si remarquable a été, en effet, constatée par plusieurs autres chimistes, et même avec des circonstances qui la rendent plus curieuse encore.

Dans la séance du 12 juin 1844, M. Middleton a lu un mémoire (1) sur cet objet à la Société géologique de Londres, et, par la comparaison de plusieurs analyses, il a montré que la proportion du fluor dans les os récents ou fossiles conservés dans le sein de la terre était d'autant plus grande

---

(1) *Quarterly journal*, t. I, p. 214.

que ces ossements étaient plus anciens, ce qui conduirait à supposer que le fluorure de calcium contenu, sans doute, en très-petite quantité dans le sol et dissous, peut-être, dans les eaux qui le pénètrent aurait une tendance particulière à se concentrer dans les ossements. Déjà un chimiste français, M. Lassaigne, avait reconnu la présence d'une très-forte proportion (15 pour 100) de fluorure de calcium dans un os fossile d'anoplothérium ; M. Girardin, professeur de chimie à Rouen, était arrivé, dès 1842, à des résultats du même genre (1).

M. Nesbit a constaté plus tard, ainsi que nous l'avons vu précédemment, que les substances plus ou moins riches en phosphates des environs de Farnham et de Maidstone (Surrey), qu'il a analysées, contenaient du fluor en même temps que de l'acide phosphorique.

Les résultats obtenus par ces habiles chimistes prouvent donc que le phosphate de chaux répandu dans les terrains sédimentaires y est généralement accompagné de fluor comme dans les terrains primitifs, et même que le phosphate de chaux enfoui dans un terrain sédimentaire y trouve généralement du fluor qu'il attire à lui à la longue. Cela supposerait que le fluor est disséminé dans les terrains sédimentaires plus généralement encore que le phosphore ; et cette supposition n'a rien d'inadmissible, vu le grand nombre de minéraux fluorés que renferment les terrains anciens. Des variétés de mica très-répandues contiennent de l'acide fluorique, et leurs débris, nécessairement disséminés dans les terrains de sédiment, suffiraient à eux seuls pour expliquer le phénomène.

On doit concevoir, d'après ce qui vient d'être dit, que, quand même on le voudrait, on ne pourrait que très-difficilement répandre, sur les terres, de l'acide phosphorique exempt de fluor. En y versant de l'acide phosphorique, on y verse presque toujours en même temps du fluor, à peu près

<hr>

(1) *Comptes rendus hebdomadaires des séances de l'Académie des sciences*, t. XV, p 726.

comme en jetant du minerai de plomb dans un fourneau on y jette presque toujours, bon gré mal gré, une certaine quantité d'argent.

Le fluor, comme nous l'avons vu en commençant, concourt, en même temps que le phosphore, à la constitution des corps organisés, dans une proportion qui, quoique beaucoup plus faible, n'est peut-être pas moins essentielle. Le sol doit leur fournir à la fois les deux corps ; mais, d'après ce qui vient d'être dit, on conçoit qu'il sera probablement très-rare qu'une terre suffisamment riche en phosphore soit trop pauvre en fluor, et que, du moins quant à présent, il n'y a pas lieu de se préoccuper de ce dernier au point de vue agricole.

Nous pouvons également nous abstenir de parler du *magnésium*, ou, ce qui revient au même, de la magnésie, qui se trouve presque toujours en quantité suffisante là où existe la chaux (1). Néanmoins cette observation s'applique surtout à la magnésie naturellement contenue dans le sol. Il reste encore quelque chose à apprendre relativement à l'action spéciale des marnes magnésiennes comparée à celle des marnes purement calcaires (2), et d'importantes expériences de M. Boussingault ont montré qu'il est quelquefois utile de faire entrer la magnésie dans la composition des engrais (3).

Le *manganèse*, toujours peu abondant dans l'organisation, y suit le fer, comme il le suit presque partout.

Le *fer* lui-même n'a pas besoin de nous occuper, parce que la nature l'a répandu d'une manière si générale, que jamais il ne fait défaut.

Le *silicium* joue dans l'organisation végétale un rôle dont l'importance est incontestable (4). Avec la silice unie peut-être à différentes bases, les plantes renferment de la silice libre qu'il n'est pas possible d'isoler dans l'analyse

---

(1) Isidore Pierre, *Chimie agricole*, p. 84.

(2) *Id., ibid.*, p. 604.

(3) *Id., ibid.*, p. 434 et 517.

(4) Payen, *Précis de chimie*, 3ᵉ édition, p. 424. — De Gasparin, *Cours d'agriculture*, 2ᵉ édition, t. I, p. 495, 1846.

des cendres (1). Cette silice entre particulièrement dans la
composition de l'épiderme de toutes les plantes ; elle paraît
en former, dans plusieurs espèces, l'un des principaux éléments ; tel est le tissu solide et brillant qui assure la soli-
dité des graminées. La silice entre pour 43 pour 100 dans
les cendres de la tige du Froment, pour 63 pour 100
dans celles du Seigle. 69 pour 100 dans celles de l'Orge,
90 pour 100 dans celles du Bambou (2). M. Berthier en a
trouvé plus de 70 pour 100 dans la paille du Froment. D'a-
près Davy, l'écorce du *Rotang* contient une si grande quantité de silice, qu'elle peut donner des étincelles avec le bri-
quet ou lorsqu'on frotte deux morceaux l'un contre l'autre,
et M. Boussingault cite un arbre des steppes de l'Amérique
méridionale, le *Chapparal*, dont les feuilles sont tellement
siliceuses, qu'on les emploie pour polir les métaux. Il était
naturel, d'après cela, de comprendre la silice, et surtout les
silicates solubles et facilement décomposables, au nombre
des substances à essayer comme engrais ; mais l'essai en a
été peu satisfaisant (3), ce qui tient, sans doute, à ce que la
silice ne manque presque nulle part d'une manière absolue.
M. Payen a été conduit à constater la présence de la silice
dans l'eau du puits artésien de l'abattoir de Grenelle par
suite de ses remarques sur la constitution chimique du tissu
des végétaux et des feuilles en particulier, dont presque
toutes les membranes sont imprégnées de silice. « Il me sem-
« ble, dès lors, dit M. Payen dans une lettre à M. Arago (4),
« que, pour fournir à une application aussi étendue, la plu-
« part des eaux naturelles devaient tenir de la silice en
« dissolution ; je commençai à m'occuper de vérifier cette
« hypothèse en analysant l'eau de Grenelle : j'ai, depuis,
« reconnu que l'eau de la Seine renferme à peu près les
« mêmes proportions de silice. » Si l'on ajoute qu'il n'est

---

(1) **Malaguti et Durocher**, *Comptes rendus hebdomadaires des séances
de l'Académie des sciences*, t. XLIII, p. 482.

(2) De Gasparin, *Principes de l'agronomie*, p. 29 et 46.

(3) Isidore Pierre, *Chimie agricole*, p. 60 et 85.

(4) Payen, *Annales de chimie et de physique*, 2ᵉ série, t. I, p. 383.

presque pas de pays où il ne tombe sous forme de poussière plus de silice que les végétaux n'ont besoin d'en absorber, on concevra que nous pouvons faire abstraction du *silicium*, aussi bien que de plusieurs des corps simples que nous venons de passer en revue.

Nous pouvons de même, et à plus forte raison, faire abstraction de l'*aluminium*, qui n'entre jamais dans les corps organisés qu'en très-petite quantité et d'une manière que des savants éminents ont qualifiée d'accidentelle, quoiqu'il paraisse permis de douter que la nature fasse absorber habituellement aux végétaux aucun principe inutile.

Il ne nous reste donc plus à suivre comparativement, dans les cultures et dans les corps organisés qu'elles produisent, que six corps simples, le *sodium*, le *potassium*, le *calcium*, le *chlore*, le *soufre* et le *phosphore*; mais en tête de ces six corps simples nous devons faire reparaître l'*oxygène*, l'*hydrogène*, le *carbone* et l'*azote*, qui, indépendamment de leur rôle dans l'atmosphère et dans la masse des eaux, *se font terre* pour ainsi dire, et jouent ainsi un rôle important dans les phénomènes souterrains de la végétation.

L'*oxygène* forme en poids la moitié ou le tiers environ de chacun des oxydes dont se composent principalement les matières terreuses, et l'*hydrogène* est de même que l'oxygène un des principes de l'eau dont la terre n'est exempte que lorsqu'elle a été calcinée, l'un des principes de l'ammoniaque, etc. Nous pouvons cependant nous borner à mentionner ici, pour mémoire, l'*oxygène* et l'*hydrogène*, parce qu'ils ne font jamais défaut.

Le *carbone* et l'*azote*, s'ils ne doivent pas être compris au nombre des matières terreuses proprement dites, sont au moins deux des principes essentiels du *terreau*, qui imprègne et qui noircit la terre végétale.

Le carbone du terreau se change en acide carbonique, et c'est sous cette forme qu'il se présente dans l'eau dont le sol est imbibé aux racines des végétaux, de même qu'il se présente dans l'air à leurs feuilles; mais le gaz acide carbonique du sol est un véhicule plutôt qu'un aliment : il n'est pas absorbé (1), ou du moins il n'est pas retenu, à ce qu'il paraît, dans les végétaux, dans lesquels il pénètre par les racines.

Plongées comme elles le sont dans l'atmosphère, dont l'*azote* forme les quatre cinquièmes, et baignées, au moins dans leurs racines, par l'eau dans laquelle l'*azote* est constamment dissous, on pourrait croire que les plantes ne doivent jamais en manquer. Cependant des savants éminents contestent aux végétaux, et surtout aux graminées qui produisent les céréales (2), le pouvoir d'absorber directement l'*azote non combiné*, et, si elles étaient réellement privées de cette faculté, les plantes devraient, quoique baignées par l'air atmosphérique, y périr faute d'azote, lorsqu'elles ne le rencontreraient pas sous une forme assimilable, soit dans les composés azotés produits par les phénomènes atmosphériques, soit dans les substances azotées existantes ou introduites dans le sol, et dans celles qui s'en dégagent.

Sans connaître le mécanisme des phénomènes fondamentaux de la végétation, les agriculteurs, guidés par une expérience séculaire, ont toujours pris soin de tenir les plantes humectées d'eau et de placer, à portée de leurs semences et de leurs racines, des substances qui, en se décomposant, les baignent d'acide carbonique et de composés azotés éminemment propres à être assimilés, décomposés, on pourrait presque dire *digérés* par elles. Ils savaient, en effet, de temps immémorial, que les végétaux prospèrent sous l'influence des engrais composés de matières animales et végétales, tandis qu'ils n'ont qu'une vie languissante quand ils n'ont à leur disposition que les matières minérales, l'eau et les gaz de l'atmosphère (3). Suivant quelques agronomes, les sels ammoniacaux employés comme engrais n'interviennent pas seulement en fournissant aux plantes une partie plus ou moins grande de leur azote, mais encore en donnant aux plantes la force assimilatrice nécessaire pour s'emparer d'une plus ou moins grande quantité d'azote dans l'atmosphère et des prin-

---

(1) De Gasparin, *Principes de l'agronomie*, p. 92.
(2) De Gasparin, *Cours d'agriculture*, 2ᵉ édition, t. I, p. 500.
(3) De Gasparin, *Principes de l'agronomie*, p. 22.

cipes minéraux du sol (1). En tout état de cause, l'effet utile
des substances azotées n'est contesté par personne; il reste
seulement encore à établir si c'est sous la forme de sels ammoniacaux, de nitrates, ou sous quelque autre forme non
encore définie, que cet azote doit être présenté aux plantes
pour en activer la végétation le plus énergiquement possible (2).

On pourrait ajouter, avec M. de Gasparin, que pour le carbone lui-même la nature n'a donné aux plantes, dans l'acide
carbonique répandu dans l'atmosphère, que le strict nécessaire; mais que, surtout peut-être lorsqu'elles sont surexci-
tées par des engrais qui leur fournissent d'autres principes
en abondance, elles ne trouvent pas dans l'air ordinaire de
quoi satisfaire à tous leurs besoins en carbone. Elles prospèrent visiblement mieux sur un terrain abondant en terreau
et en fumier, qui laisse se dégager une grande quantité d'a-
cide carbonique. M. Théodore de Saussure a prouvé qu'elles
se développent avec plus d'avantage dans un air auquel on
ajoute jusqu'à un douzième de son poids de ce gaz délétère
pour les animaux (3).

Ces considérations, qui tiennent aux bases mêmes, aujour-
d'hui si bien assises sur l'expérience, de la physiologie végétale expliquent et feraient réinventer, au besoin, quelques-
uns des procédés primitifs de l'agriculture; et la raison de ces
pratiques si anciennes n'a commencé à être bien comprise
que depuis que la chimie, éclairant la physiologie végétale,
a montré quelles sont pour les plantes les sources du carbone
et de l'azote. Les progrès de la chimie organique qui se développent et se complètent sous nos yeux ont rendu un
*service vital* à l'agriculture en faisant naître une science des
engrais qui rivalise en précision et en utilité avec la chimie
industrielle.

Il y a déjà bien des années, M. Payen, ayant eu à s'occuper des moyens d'utiliser les débris des animaux, avait en-

---

(1) Isidore Pierre. *Chimie agricole*, p. 442.
(2) Isidore Pierre, *Chimie agricole*, p. 420.
(3) De Gasparin. *Principes de l'agronomie*, p. 64.

trevu un principe qu'il a définitivement formulé ainsi :
« *Les engrais ont d'autant plus de valeur que la proportion
de substance organique azotée y est plus forte et y domine,
surtout relativement à celle des matières organiques non azotées et que la décomposition des substances quaternaires s'o-
père graduellement et suit mieux les progrès de la végétation* (1). » Admis par M. Mathieu de Dombasle dans les
*Annales de Roville*, ce principe a été développé par MM. de
Gasparin et Boussingault dans les savants traités que nous
avons déjà cités à plusieurs reprises. Ces illustres agronomes
se sont accordés à reconnaître qu'on y trouve l'explication
des effets produits par les engrais sur un sol qui renferme
tous les autres corps simples essentiels au développement
des corps organisés.

Le type correspondant aux besoins des terrains dans lesquels la nature a réuni les substances minérales nécessaires
à la végétation est représenté, dit M. Bobierre, par les engrais azotés (2), et les praticiens reconnaissent aujourd'hui
avec M. Dumas que « l'un des plus beaux problèmes de l'a-
griculture réside dans l'art de se procurer de l'azote à bon
marché. Pour le carbone, ajoute le savant auteur de la *Statique chimique des êtres organisés*, il n'y a pas à s'en inquié-
ter, la nature y a pourvu, l'air et l'eau pluviale y suffisent.
Mais l'azote de l'air, celui que l'eau dissout et entraîne, les
sels ammoniacaux que l'eau pluviale recèle elle-même, ne
sont pas toujours suffisants. Pour la plupart des plantes de
culture importante, il faut encore entourer leurs racines
d'un engrais azoté, source permanente d'ammoniaque ou
d'acide azotique, dont la plante s'empare à mesure de leur
production (3). »

Cependant la science des engrais ne se borne pas au carbone et à l'azote ; elle s'applique également aux autres
corps simples que nous avons signalés comme nécessaires
aux plantes et comme pouvant quelquefois leur manquer, et

---

(1) De Gasparin, *Cours d'agriculture*, 2ᵉ édition, t. I, p. 504, 1846.
(2) Bobierre, *le Noir animal*, etc., p. 93.
(3) Dumas, *Essai de statique chimique des êtres organisés*, p. 28.

elle a éclairé et permis de mieux appliquer des pratiques fort anciennes aussi qui se rapportent à ces corps. L'efficacité si bien constatée des engrais azotés rend même plus nécessaire encore de s'occuper de pourvoir les plantes des autres substances nécessaires à la végétation, et elle a fait remarquer aux personnes qui ne tenaient pas compte de cette nécessité que l'abondance des récoltes qu'ils font naître épuise le sol. Il faut, en effet, ne pas perdre de vue que les plantes ne se bornent pas à absorber de l'azote, mais qu'en même temps elles puisent, dans le sol, des phosphates, des alcalis, du carbone, etc., substances qui ne s'y trouvent généralement qu'en proportions assez limitées (1). Sir Humphry Davy, l'illustre chimiste anglais, attribuait la stérilité de quelques-unes des parties de l'Afrique septentrionale, de l'Asie Mineure et de la Sicile, qui furent si longtemps les greniers de l'Italie, à l'épuisement des phosphates, par suite d'une longue exportation de Blé du sol de ces contrées, sans restitution convenable de ces principes indispensables à la bonne venue du Froment (2).

Il est incontestable que, à moins qu'elles ne les trouvent dans l'atmosphère qui les enveloppe ou dans l'eau qui humecte leurs racines, les plantes doivent trouver dans le sol tous les corps simples nécessaires à la formation de leurs tissus.

Certaines plantes ne peuvent se développer sans absorber beaucoup de *soude*, et par ce motif elles ne végètent ordinairement qu'au bord de la mer, dans les terres imprégnées de sel marin. Si on voulait qu'elles pussent croître dans un sol ordinaire, il faudrait, sans doute, commencer par y répandre une quantité suffisante de chlorure de sodium. La proportion de sodium contenue dans beaucoup de récoltes est un peu plus élevée qu'il ne conviendrait pour qu'on pût admettre qu'il soit entièrement à l'état de sel marin dans les plantes; une partie doit y être dans un autre état de

---

(1) Isidore Pierre, *Chimie agricole*, p. 111.
(2) *Id., ibid.*, p. 365.

combinaison. Ainsi, par exemple, une des plantes qui fournissent, par leur incinération, la soude naturelle de l'île de
Ténériffe, le *Mesembryanthemum cristallinum* (la Glaciale de
nos jardins) est recouverte, sur la superficie entière de ses
tiges et de ses feuilles, suivant les recherches expérimentales
de M. Payen, d'une multitude innombrable de glandes conti-
guës remplies d'un suc légèrement alcalin tenant en dissolution de l'oxalate de soude.

L'élément minéral de cette abondante sécrétion provient,
sans aucun doute, du sel marin répandu dans le sol et dans l'air
atmosphérique par les eaux de la mer, car la même plante,
dans l'intérieur des continents, renferme, en proportions
dominantes, l'oxalate de potasse, et Gay-Lussac a démontré
que ce fait apparaît généralement lorsque l'on compare les
plantes venues sur les bords de la mer avec celles qui crois-
sent dans l'intérieur des terres.

En général, c'est presque uniquement du sel marin
que les plantes tirent le sodium qu'elles contiennent; mais
comme les plantes ordinaires ne demandent que très-peu de
soude, et que le chlorure de sodium est une des substances
dont il est le plus ordinaire de trouver une petite proportion
soit dans le sol, soit dans les eaux, même dans les eaux
atmosphériques, par l'effet des vents de mer, il n'y a que
des cas très-rares où il soit vraiment utile de l'employer
comme amendement; et les résultats curieux de quelques
expériences, très-remarquables au point de vue physiologique, qui ont été faites récemment concernant l'action que
le sel marin exerce sur la végétation, notamment par M. Le-
coq (1) et par M. Becquerel, n'ont conduit à aucune conséquence d'une très-grande utilité pratique.

Ce que nous venons de dire du sodium s'applique aussi
au *chlore*.

En examinant les variations que présente, d'un groupe
de plantes à l'autre, chacun des éléments inorganiques,
MM. Malaguti et Durocher ont trouvé que le chlore est un

---

(1) De Gasparin, *Cours d'agriculture*, 2ᵉ édition, t. I, p. 617, 1846.

de ceux qui offrent le plus d'inégalités. Les cendres calcinées de certains végétaux en contiennent jusqu'à **20** pour **100**, tandis que, dans les cendres des arbres appartenant au groupe des Amentacées (tels que le Chêne), on en trouve presque constamment moins de **1** pour **100**, et souvent rien que des traces. Dans les végétaux, de même que dans le sol, le chlore paraît exister généralement à l'état de chlorure, et principalement de chlorure de sodium. Cependant, lorsque dans une plante le chlore est très-abondant, le plus souvent il n'y a pas une assez grande quantité de sodium pour le saturer; il faut alors admettre qu'une portion au moins du chlore est à l'état de chlorure de potassium, quelquefois même à l'état de chlorure de magnésium ou de calcium (1).

M. Lassaigne a montré que **1** litre d'eau contenant en dissolution **1/12** de sel marin peut dissoudre **0,333** de sousphosphate de chaux; l'action dissolvante du chlorhydrate d'ammoniaque est encore plus grande que celle du chlorure de sodium. Ces effets, qui, sans doute, sont dus principalement au chlore, peuvent concourir à expliquer comment les engrais font un effet plus grand sur les récoltes des terres salifères (2).

La poussière de l'Océan, suivant l'heureuse expression de M. Arago, suffirait presque à elle seule pour pourvoir la végétation de chlore, et on peut ajouter, d'après les curieuses recherches de M. Chatin, qu'elle fournit aussi l'*iode* et le *brome*, qui, sans être cités parmi les principes habituels des corps organisés, sont probablement susceptibles de concourir utilement aux phénomènes de la vie.

La *potasse*, suivant les savantes remarques de M. de Gasparin (3), a beaucoup plus d'importance en agriculture que la soude, et on la trouve, en général, en bien plus grande

---

(1) Malaguti et Durocher, *Comptes rendus hebdomadaires des séances de l'Académie des sciences*, t. XLIII, p. 388.

(2) De Gasparin, *Principes de l'agronomie*, p. 13 et 54.

(3) De Gasparin, *Cours d'agriculture*, 2ᵉ édition, t. I, p. 614, 1846, et *Principes de l'agronomie*, p. 52.

proportion que la soude dans les cendres des végétaux, dont quelques-uns même ne fournissent que des quantités insignifiantes de cette dernière (1), ainsi que MM. Malaguti et Durocher l'ont constaté de nouveau par des recherches récentes et précises (2). Cependant, quoique répandue dans un grand nombre de roches, elle n'est guère plus abondante que la soude dans les terres végétales, et elle l'est généralement moins dans les eaux. Elle s'épuise, par conséquent, beaucoup plus facilement que la soude et avec plus de dommage pour la végétation. De là il résulte que les terres sont sujettes à en manquer, surtout après la culture réitérée de certaines plantes ; et, comme les cendres des végétaux en renferment toujours, elles sont, dans ce cas, un engrais réparateur précieux.

La potasse n'existant presque jamais dans la terre végétale qu'en assez faible proportion, les cendres y sont presque toujours un amendement fécondant, et on conçoit pourquoi, de tous temps, les agriculteurs les ont recherchées pour les répandre sur les terres, et pourquoi ils ont toujours soin de brûler sur place les herbes et les racines provenant d'un défrichement, et d'en laisser les cendres dans les champs.

En admettant même que les plantes aient tiré la totalité de leur potasse du sol où elles ont végété, et nullement des eaux qui les ont arrosées, on doit remarquer que leurs racines ont pu aller la pomper dans le sol à une profondeur plus ou moins grande, et que cette potasse tirée de la profondeur se trouve concentrée avec les cendres dans la terre superficielle. Il est juste d'ajouter qu'avec la potasse les cendres contiennent également des phosphates, et presque toujours aussi de la chaux et d'autres principes utiles, comme leurs analyses le font voir.

La *chaux* est une des substances les plus nécessaires au développement des plantes, une de celles qu'elles ont le plus besoin de trouver dans la terre, et même en assez forte pro-

---

(1) Isidore Pierre, *Chimie agricole*, p. 63.

(2) Malaguti et Durocher, *Comptes rendus hebdomadaires des séances de l'Académie des sciences*, t. XLIII, p. 447.

portion. On s'est aperçu, de temps immémorial, de son utilité, et les Gaulois savaient déjà marner les terres, c'est-à-dire porter, sur celles où la culture s'en trouve bien, de la *marne*, composée essentiellement de carbonate de chaux mélangé d'une proportion plus ou moins grande d'argile, formée elle-même de silice et d'alumine. La marne peut souvent être remplacée par la chaux obtenue par la calcination des pierres calcaires. L'une et l'autre sont surtout profitables à la culture des terres qui ne renferment pas de chaux dans leur composition.

Les terrains schisteux de l'ouest de la France, où l'emploi de la chaux a plus que doublé les récoltes, semblent prouver que l'une des principales utilités de la chaux est de fournir à la végétation des céréales un élément indispensable ; et les contrées qui, comme la Sologne, languissent faute de marne ou de chaux n'attestent que trop l'impossibilité où se trouvent la plupart des végétaux de se passer d'une proportion convenable d'oxyde de calcium.

On doit, toutefois, remarquer, avec M. de Gasparin (1), que, lorsqu'on met de la chaux ou de la marne sur les terres, on trouve utile d'en mettre beaucoup plus que la végétation ne peut en consommer dans une longue suite d'années, ce qui paraît confirmer l'idée, très-souvent émise, que la chaux et la marne exercent une action physique et même mécanique en même temps qu'une action chimique; d'où il résulterait qu'elles ont deux utilités au lieu d'une seule. La chaux et la marne ont, dit-on, en partie pour effet d'ameublir le sol en diminuant la cohésion des parties argileuses, entre lesquelles elles s'interposent, et le fendillement par lequel elles y contribuent peut lui-même être favorisé par certains phénomènes chimiques. D'après le savant agronome que nous venons de citer, on pourrait concevoir qu'un des effets utiles de la chaux ou de la marne serait de retenir l'acide nitrique fourni par l'atmo-

---

(1) De Gasparin, *Cours d'agriculture*, 2ᵉ édition, t. I, p. 636, 640, 1846, et *Principes de l'agronomie*, p. 192.

sphère (1), et de donner naissance au mystérieux phénomène
de la nitrification. Comme par là le carbonate de chaux se
trouverait, en partie, converti en nitrate qui est très-soluble,
et que les eaux de pluie entraînent aisément, on concevrait
comment le carbonate de chaux renfermé dans la terre végétale disparaît beaucoup plus rapidement qu'il ne devrait
le faire par le seul effet de l'absorption produite par les végétaux. Mais il paraît que ce n'est pas là le seul phénomène
chimique auquel les particules calcaires contenues dans la
terre végétale soient appelées à concourir. M. Payen a montré que la chaux a la propriété de modérer la déperdition
du gaz ammoniacal que produisent les engrais en fermen-
tant (2). L'action antiseptique que la chaux exerce sur les
fumiers, sur l'urine, sur le sang et sur la chair des animaux
utilisés comme engrais (lorsqu'on l'emploie avant toute putréfaction de ces matières organiques), permet ultérieurement,
hâte même, suivant M. Payen, la fermentation et la formation du carbonate d'ammoniaque, utile à la végétation, à mesure qu'elle est transformée elle-même en carbonate de chaux
par l'acide carbonique ambiant. M. Boussingault pense également que la présence du carbonate de chaux dans les terres,
outre le rôle qu'elle joue en fournissant aux plantes l'élément
calcaire dont elles ont besoin, agit probablement encore d'une
manière spéciale sur les engrais, en changeant, par voie de
double décomposition, les sels ammoniacaux qui s'y trouvent
contenus, mais qui ne sont pas immédiatement assimilables,
de carbonate d'ammoniaque assimilable, qui porte dans les
plantes l'azote de la matière organique des fumiers et du carbone tenu en réserve dans les débris de roches calcaires (3).
Peut-être aussi un des effets utiles de la chaux et de la marne
est-il quelquefois d'adoucir les réactions acides trop prononc-
cées de la terre végétale.

---

(1) *Id.*, *Cours d'agriculture*, 2ᵉ édition, p. 500, 509, 1846.
(2) De Gasparin, *Principes de l'agronomie*, p. 54.
(3) Isidore Pierre, *Chimie agricole*, p. 440.

On voit que les effets utiles de la chaux sont susceptibles
de plusieurs interprétations qui, peut-être, sont toutes
exactes dans certaines circonstances. Il reste également
quelque chose d'inconnu dans l'action exercée par le gypse
ou pierre à plâtre (sulfate de chaux). Tout le monde connaît les belles expériences de Franklin sur l'effet du plâtre,
elles ont été répétées dans les deux mondes avec un succès
populaire; mais le plâtre est peut-être pour les végétaux un
stimulant plutôt qu'un aliment. Comme il n'est pas moins
efficace sur les terrains calcaires que sur les autres, on ne
peut admettre que la chaux soit son élément actif; l'acide
sulfurique qu'il contient peut fournir du soufre aux végétaux,
et sir Humphry Davy concluait que le plâtre agit par son
soufre, qui, au moins pour certaines plantes, est un aliment
utile, sinon nécessaire (1); cette conclusion paraît même, au
premier abord, d'autant plus légitime que les plantes au développement desquelles le plâtre est le plus favorable sont du
nombre de celles qui contiennent le plus de soufre; cependant on peut objecter que, si le soufre était essentiellement
le principe actif du plâtre, son utilité ne devrait pas être cir-
conscrite, comme elle paraît l'être, à un petit nombre de
plantes, car le soufre en proportion, à la vérité très-variable, étant un des corps simples les plus généralement répandus dans les corps organisés, végétaux et animaux, l'effet
utile d'une substance propre à fournir du soufre ne devrait
pas être circonscrit à un petit nombre de végétaux, mais
être sensible sur tous, quoiqu'à des degrés inégaux.

D'après M. Payen, la substance organique d'un homme
de stature moyenne renferme environ **110** grammes de soufre, c'est-à dire seulement $\frac{1}{6}$ environ de ce qu'elle contient de
phosphore. Les végétaux renferment aussi presque toujours
un peu de soufre, mais habituellement en quantité très-petite, proportionnée, sans doute, à la quantité de matière
albuminoïde qu'ils recèlent dans leurs tissus : ils en consom-

---

(1) De Gasparin, *Principes de l'agronomie*, p. 42.

ment donc très-peu, et le soufre, ou plutôt les sulfates sont si généralement répandus, soit dans le sol, par l'effet de la décomposition des pyrites, soit dans les eaux, qui, presque toutes, en contiennent un peu, que la végétation ne doit manquer du soufre nécessaire que dans des cas extrêmement rares.

On peut faire, au sujet des cendres pyriteuses employées avec beaucoup de succès dans certaines parties de la France, des réflexions analogues à celles que le gypse nous a suggérées, et je ne vois pas, en dernière analyse, qu'aucune grande pratique agricole ait pour objet utile principal de pourvoir la végétation de soufre.

Nous avons déjà remarqué qu'on n'a pas été conduit non plus à rien pratiquer pour lui fournir du *chlore*.

Mais cette étude tout entière a montré, trop longuement peut-être, qu'il en est autrement à l'égard du *phosphore*, et on a vu que l'action des matières qui le contiennent est toute chimique, et qu'elle a pour effet de fournir aux végétaux, et particulièrement aux céréales, l'acide phosphorique nécessaire à leur développement et surtout à la formation de la graine.

Il résulte de l'analyse à laquelle nous venons de nous livrer que, parmi les éléments minéraux, il n'y en a guère que trois dont il y ait lieu de chercher à doter artificiellement le sol, savoir : la *chaux*, la *potasse* et l'*acide phosphorique*.

Pour la chaux ou la marne, d'après la manière dont elles sont distribuées dans la nature, lorsqu'on n'en est pas privé, on en a presque toujours en grande masse, et la pratique a enseigné à en mettre sur les terres beaucoup plus que la végétation ne pourrait en consommer dans un laps de temps considérable.

La potasse et l'acide phosphorique ont cela de commun, que le sol ne les renferme presque jamais que dans une proportion assez minime, que la culture peut encore diminuer graduellement et même épuiser à la longue cette faible proportion, et qu'on n'a généralement aussi que des ressources très-limitées pour la restituer au sol. Mais entre la potasse et l'acide phosphorique il y a cette différence essentielle, que la plupart des sels de potasse, à l'exception de certains silicates, étant très-solubles, tandis que les phosphates le sont très-peu, les eaux, autres que les eaux du ciel et les eaux de pluie elles-mêmes, contiennent presque toujours un peu de potasse ; que les eaux qui, par capillarité ou autrement, arrivent du sous-sol à la terre végétale sont presque toujours susceptibles d'en amener ; que la poussière enlevée par les vents à de vastes régions se compose souvent en partie de silicates dont la potasse forme un des éléments ; en un mot, que l'épuisement de la potasse peut à la longue, dans beaucoup de cas, se réparer de lui-même par le seul fait du *repos de la terre*; tandis que les eaux minérales qui contiennent de l'acide phosphorique n'existant que dans un petit nombre de localités, les eaux autres que les eaux troubles des rivières et celles qui ont séjourné dans le sol assez longtemps pour y dissoudre des phosphates n'en contenant presque jamais, on ne peut guère compter que sur les engrais ou les amendements pour réparer, à l'égard du phosphore, l'épuisement des terres qui ne sont pas arrosées par des eaux de rivière. Sans être inutile relativement aux phosphates, le *repos de la terre* est moins efficace à leur égard qu'à l'égard de la potasse et des composés de l'azote.

En résumant l'ensemble des considérations auxquelles nous venons de nous livrer, nous sommes donc amené à concevoir la parfaite justesse de l'appréciation de M. Boussingault (1), qui mesure la valeur des engrais, d'une part par leur teneur en azote, et de l'autre par leur teneur en acide phosphorique, et nous pouvons remarquer, en outre, que ces notions s'accordent parfaitement avec celles précédemment indiquées par MM. Boussingault et Payen (2) sur le

---

(1) Boussingault, *Comptes rendus hebdomadaires des séances de l'Académie des sciences*, t. XLI, p. 858.

(2) *Annales de chimie*, 1841, t. III, 1842, t. VI ; *Recueil des savants*

dosage de l'azote pour déterminer la valeur de l'engrais,
lorsque le sol renferme déjà les engrais minéraux, notamment les phosphates, en proportions suffisantes.

On comprend donc qu'il se soit établi depuis plusieurs
années, en Angleterre, une méthode générale d'analyse des
engrais, fondée sur le dosage de l'azote et des phosphates, et
que des laboratoires spéciaux aient été institués dans les
centres agricoles pour l'appréciation des engrais sur ces
bases.

On comprendra aussi, d'après ce qui précède, pourquoi
M. Boussingault, en terminant, le 19 novembre 1855, la
lecture de l'un de ses plus intéressants mémoires, a annoncé
à l'Académie des sciences que, dans la campagne suivante,
il se proposait d'essayer dans la grande culture l'emploi d'un
mélange de nitrate de soude et de phosphate de chaux amené
à un état de division chimique; et comment M. Dumas a posé
en principe, depuis longtemps, que le programme de la théorie est essentiellement de rendre à la terre les matières azotées et les phosphates terreux que la végétation a consom-
més (1), ce qui permet de dire, avec cet administrateur si
éclairé, — « que, parmi les moyens économiques propres à
rendre à l'agriculture tous les produits essentiels que les
plantes ont soustraits au sol, le dernier mot de la chimie se
résume en — *ammoniaque et phosphates terreux* (2). »

Ainsi que M. Dumas l'a expliqué lui-même dans le rapport
que nous venons de citer et dans beaucoup d'autres de ses
savants écrits, l'agriculture a trouvé, de temps immémorial,
dans le fumier, dont l'expérience seule lui avait révélé la
puissance fertilisante, ce que la science lui a appris, depuis
peu d'années seulement, à demander à des produits chimiques ou minéraux. Nous avons déjà vu, en effet, que, d'après

*étrangers*, t. VIII, p. 163, t. IX, p. 3; *Précis de chimie industrielle*,
3ᵉ édit., p. 922 et suiv.

(1) Dumas, *Rapport lu le 4 juin 1851, dans le sein d'une commission
de l'assemblée législative.*

(2) Robierre, *le Noir animal*, etc.. p. 93.

M. Boussingault, le fumier de ferme ordinaire, le *fumier moyen*, lorsqu'il a été desséché, contient sur 100 parties 1,45 d'acide phosphorique. D'après le même savant, il contient en même temps 1,87 d'azote (1), et, suivant M. de Gasparin, on pourrait convenir sans inconvénient que le fumier *normal* serait celui qui, à l'état sec, renfermerait environ 2 pour 100 d'azote (2), ce qui est la même chose en nombres ronds.

M. de Gasparin calcule ensuite à quel prix revient le kilogramme d'azote qu'on porte sur les terres, soit qu'on se serve de fumiers ou de divers autres engrais, et il trouve que le kilogramme d'azote du fumier revient à 1 fr. 64 c., mais que, pour d'autres engrais, le prix du kilogramme d'azote varie de 4 fr. 58 c. (poudrette) à 0,44 c. (merl.) (3).

Ces calculs seraient à l'abri de toute objection, si les engrais n'étaient utiles à l'agriculture que par leur azote ; mais on ne peut se dispenser de remarquer que le fumier contient, en même temps que de l'azote, du carbone, des sels tels que des sels de potasse, de soude, de chaux, et particulièrement du phosphate de chaux.

Ces différentes substances ont presque toutes leur utilité simultanément ; mais cette utilité est comparativement plus ou moins grande, suivant la nature du sol et suivant la récolte qu'on veut en tirer. Il serait impossible, par conséquent, d'assigner d'une manière générale et constante les valeurs relatives de ces diverses substances, ce qui, comme l'a remarqué à juste titre M. Bobierre, rend impossible d'indiquer par un seul chiffre la valeur d'un engrais (4). Aussi, quelque imposante que soit en pareille matière l'autorité de M. de Gasparin, je crois qu'il est inadmissible de ne tenir compte que de l'azote et de compter tout le reste pour rien.

Faisons une supposition qui elle-même sera *arbitraire;*

(1) Boussingault, *Économie rurale*, 2ᵉ édition, t. II, p. 124.
(2) De Gasparin, *Cours d'agriculture*, 2ᵉ édition, t. I, p. 600, 1846.
(3) *Id., ibid.*, p. 674.
(4) Bobierre, *le Noir animal*, etc., p. 109.

admettons, *exempli gratiâ*, qu'on puisse ne tenir compte que de l'azote et du phosphore, et que les valeurs du kilogramme de chacun de ces deux corps simples soient égales. Appelons cette valeur commune $x$ et reportons-nous à la composition du fumier moyen donnée par M. Boussingault. Il contient, pour 100 kilogrammes, $1^k,87$ d'azote et $1^k,45$ d'acide phosphorique, qui représentent

$$1^k,45 \, \frac{44,40}{100} = 0^k,64 \text{ de phosphore}.$$

La valeur totale des 100 kilogrammes de fumier, en ne tenant compte que de l'azote et du phosphore, sera donc

$$x.(1,87 + 0,64) = x.2,53.$$

Les données d'après lesquelles M. de Gasparin calcule la valeur de l'azote considéré comme le seul principe du fumier donnent pour la valeur de ces 100 kilogrammes :

$$1,87.1,64.$$

Nous aurons donc, pour déterminer $x$, l'équation

$$x.2,53 = 1,87.1,64$$

qui donne

$$x = \frac{1,87.1,64}{2,53} = 1^f,21.$$

La valeur obtenue pour l'azote par M. de Gasparin se trouve donc diminuée d'environ *un quart* lorsqu'on le fait entrer en partage égal avec le phosphore. Cette réduction n'est pas énorme, mais elle est évidemment insuffisante, car il faudrait tenir compte aussi des effets utiles du carbone et des différents sels que contient le fumier, problème qui serait singulièrement compliqué.

Si le phosphore du fumier vaut 1 fr. 21 c. le kilogramme, l'acide phosphorique, dont l'oxygène peut être considéré comme donné gratuitement, vaudra

$$1^f,21 \, . \, \frac{44.44}{100} = 0^f,54 \text{ le kilogr}.$$

Nous retombons ainsi presque exactement sur le chiffre auquel nous étions arrivé en remarquant précédemment que le prix auquel se vend en Angleterre le phosphate de chaux fossile préparé pour l'agriculture fait ressortir le kilogramme d'acide phosphorique à 50 c. le kilogramme. Il est vrai que nous venons de voir que la valeur que nous attribuons au phosphore doit être exagérée dans ce calcul, en raison de ce que pour l'obtenir nous avons fait abstraction de beaucoup de substances qui, dans le fumier, ont généralement un effet utile que nous avons négligé. Cela nous ramène à la conclusion que nous avons déjà présentée, savoir, qu'une matière où l'acide phosphorique se paye 50 c. le kilogramme est, au moins en apparence, un engrais fort cher.

Il est difficile, en effet, de ne pas trouver cher un engrais au moyen duquel on emploie à la nourriture des céréales une substance qu'on paye le double de ce que coûte ordinairement un poids égal de pain ; mais ce prix est cependant beaucoup moins exorbitant qu'on ne serait porté au premier abord à le supposer ; car, en raison de la facilité de son transport, cet engrais devient plus économique que le fumier de ferme, aussitôt qu'il s'agit de l'employer à une distance un peu considérable du lieu de production. On peut appliquer ici ce que dit M. de Gasparin sur le prix comparatif du fumier et du tourteau de Colza employés après un transport plus ou moins long (1).

Malgré tout ce qu'il y a d'arbitraire dans les données sur lesquelles reposent les calculs qui précèdent, ils suffisent pour faire voir que la science des engrais est déjà arrivée, en théorie et en pratique, à une assez grande précision, et que déjà elle possède les données nécessaires pour faire payer chaque substance à son juste prix. Il paraîtrait, en même temps, d'après ce qui précède, que la supposition *arbitraire* d'après laquelle nous avions admis que le kilogramme de phosphore aurait la même valeur agricole que le kilogramme d'azote

1) De Gasparin, *Cours d'agriculture*, 2ᵉ édition, t. I, p 645, 1846.

ne serait pas éloignée de la vérité matérielle et commerciale.

Ces deux corps simples, auxquels s'applique, en dernière analyse, la plus grande partie des dépenses que l'agriculture fait pour les engrais, jouent cependant, dans le monde agricole, des rôles fort différents qu'il ne sera peut-être pas inutile de mettre ici une dernière fois en parallèle.

Malgré le contraste résultant de ce que l'azote est naturellement gazeux, tandis que l'acide phosphorique est fixe et presque toujours engagé dans des phosphates qui sont à la fois fixes et peu solubles, ces deux substances, qui sont les deux principes les plus actifs de la plupart des engrais, présentent, dans les services qu'ils rendent à l'agriculture, de nombreux points de rapprochement qui permettent de les comparer plus directement encore que nous ne l'avons fait jusqu'à présent, afin d'arriver à mieux comprendre le rôle de l'un par opposition avec le rôle de l'autre.

Les particules élémentaires qui, après avoir eu vie, ont cessé de faire partie d'un corps organisé peuvent mourir plus ou moins complétement. Elles ont subi les lois de la mort dans toute leur étendue lorsque, de décomposition en décomposition, elles sont revenues à l'état où elles se trouvent naturellement dans la nature inorganique, avant que la vie ait eu encore aucune prise sur elles. Après que l'azote, par exemple, dégagé de toute combinaison, est rentré à l'état de liberté dans l'atmosphère; après que le carbone est rentré dans l'atmosphère à l'état d'acide carbonique; après que l'oxygène y est rentré lui-même à l'état de liberté ou à l'état d'acide carbonique, ou même lorsque, restant uni à l'hydrogène, il est rentré dans la masse des eaux, les effets de la mort ont atteint sur ces corps leur dernière limite.

Mais, en observant attentivement les procédés que la nature suit d'elle-même et ceux par lesquels l'agriculture lui vient en aide, on voit qu'ils ont pour effet d'arrêter cette décomposition avant qu'elle soit complète et de retenir les particules élémentaires que la vie a abandonnées dans un état de combinaison aussi voisin que possible de celui où elles se trouvaient dans l'être vivant, parce que dans cet état elles sont plus facilement *assimilables* par les végétaux que lorsqu'elles sont dans un état d'isolement plus complet.

Ainsi que l'a remarqué, à juste titre, M. de Gasparin, on essayerait vainement de nourrir un animal en lui administrant pures les substances qui font la base de son organisation, et il faut qu'il trouve dans les produits végétaux qu'il consomme ces matériaux déjà combinés et organisés (1). Nous-mêmes nous nous nourrissons de substances produites par l'action vitale et non encore décomposées, de viande, de pain, de légumes formés principalement de carbone, d'azote, d'oxygène et d'hydrogène, et nous ne pourrions nous nourrir de l'air atmosphérique additionné de poussière de charbon et d'eau liquide ou en vapeur, réunion d'éléments qui serait cependant équivalente à celle que nous absorbons chaque jour.

On peut faire des remarques analogues au sujet de la nourriture des végétaux. L'humus, le terreau, le fumier, les sels ammoniacaux sont des substances sur lesquelles la mort n'a pas encore complété son œuvre de dispersion et dont les éléments sont plus aptes à être absorbés par les végétaux et à rentrer dans le tourbillon organique qu'ils ne le seraient après avoir été rendus complétement au règne inorganique.

Le carbone, l'oxygène, l'hydrogène et l'azote, pour passer des débris organiques en décomposition dans les végétaux vivants, empruntent, à la vérité, des formes (l'acide carbonique et l'ammoniaque) sous lesquelles on les trouve naturellement dans la nature inorganique; mais la décomposition des matières organiques fournit ces composés dans un état de concentration que la nature inorganique toute seule ne produit presque jamais.

L'un des principaux soins de l'agriculture éclairée par la science consiste, au reste, à empêcher la transformation des

_______

(1) De Gasparin. *Cours d'agriculture*, t. I, p. 552.

matières organiques de s'opérer trop rapidement et de manière à ce que les plantes ne puissent en absorber les produits. Nous avons déjà vu que, d'après M. Payen, l'un des effets utiles de la chaux tient à l'action antiseptique qu'elle exerce sur les fumiers et sur les matières organiques lorsqu'on l'emploie avant toute putréfaction de ces matières. Cet habile chimiste, auquel l'industrie agricole doit de si importants progrès, a, en outre, signalé l'action plus énergique encore de l'argile pour ralentir la putréfaction et retenir les produits de la décomposition lente des matières animales à la portée des plantes : de là une des causes de la fertilité des terrains suffisamment argileux et de la durée plus grande des engrais organiques dans ces terrains que dans les sols calcaires.

En réfléchissant sur ces faits on comprend que, dans un pays donné, il existe une certaine masse de matière vivante ou prête à reprendre vie en rentrant dans le tourbillon organique, masse qui constitue ce qu'on pourrait appeler la somme de matière organique ou agricole d'un pays.

Dans la circulation continuelle des particules dont cette somme de matière organique se compose il s'opère, entre elle et l'atmosphère ou la masse des eaux, des échanges sans cesse répétés. Les molécules de carbone, d'oxygène, d'hydrogène qui ont appartenu aux végétaux et aux animaux finissent par retourner, après leur mort, à l'atmosphère ou à la masse des eaux, si elles ne sont pas absorbées de nouveau par un être vivant. Une partie de l'azote, après la destruction de chaque végétal ou animal, retourne dans l'atmosphère, qui en est le réservoir général et qui fournit de nouveaux composés azotés pour remplacer ceux dont on n'a pu prévenir la décomposition ; mais la dispersion et le remplacement de l'azote s'opèrent assez lentement. Si l'eau ne fait pas défaut et si l'air est constamment renouvelé avec l'acide carbonique qu'il contient toujours, les molécules de carbone, d'oxygène et d'hydrogène qui peuvent avoir été détournées sont facilement remplacées par d'autres, tandis que le remplacement de l'azote dissipé est soumis à des conditions plus précaires ; d'où il résulte que, lorsque la somme de matière organique reste à peu près constante, ce sont, en grande partie, les mêmes molécules d'azote qui vont alternativement, et sans être renouvelées, des champs aux fermes dans les récoltes, et des fermes aux champs dans les engrais.

Les autres corps simples, qui, quoiqu'en proportions beaucoup moins grandes, entrent aussi comme éléments essentiels dans la composition des corps organisés, le potassium, le sodium, le calcium, le soufre, et surtout le phosphore, participent au même mouvement de rotation , et le phosphore est celui de tous qui l'éprouve de la manière la plus simple et la plus nécessaire.

Le phosphore reste à peu près constamment à l'état d'acide phosphorique ; il n'en passe à l'état gazeux, sous forme d'hydrogène phosphoré, que des quantités insignifiantes. Il n'y a pas à son égard d'échange possible avec l'atmosphère. L'acide phosphorique des végétaux et des animaux morts et complétement décomposés retourne simplement et directement à la terre qui l'avait fourni et où la végétation le reprend. De même que l'azote présente ce mouvement de rotation d'une manière plus marquée que le carbone , le phosphore l'éprouve d'une manière plus marquée encore que l'azote, en sorte que, sauf les remplacements qui peuvent s'opérer dans le champ même, ce sont bien réellement les mêmes molécules d'acide phosphorique qui vont perpétuellement des champs aux fermes et des fermes aux champs.

Les progrès de la chimie agricole, qui permettent aujourd'hui de se rendre compte de cette rotation continuelle des substances dont la présence ou l'absence détermine le succès ou l'inutilité des travaux de l'agriculture, montrent, en même temps, que les pratiques agricoles perfectionnées expérimentalement, depuis un temps immémorial, lui sont adaptées très-exactement.

Dans un de ses derniers mémoires, M. Boussingault, après s'être occupé de l'acide nitrique et de l'ammoniaque contenus dans les eaux d'irrigation, explique, de la manière suivante, comment, dans l'état actuel de l'art agricole, on peut soutenir que l'origine la moins contestable de la fertilité du sol arable réside dans la prairie irriguée. « C'est là, dit-il, où sont concentrés dans les fourrages les éléments disséminés dans l'air et dans l'eau, lesquels, après avoir traversé l'organisme des animaux, passent, en grande partie, dans la terre labourée. Aussi, quel qu'ait été, ajoute-t-il, le progrès de la culture dans une contrée, à moins d'une richesse de fond toute particulière , on trouve qu'il y a toujours des prairies plus ou moins étendues annexées au sol livré à la charrue. L'exception ne se montre que là où il est loisible de se procurer les immondices des centres de population , ou bien encore là où parvient le guano ou le salpêtre du Pérou (1).

L'esprit d'invention des agriculteurs, aidé des lumières de la chimie, pourra, sans doute, pousser très-loin cette accumulation d'azote combiné, qui forme en partie la richesse agricole d'une contrée ; mais il est cependant une limite qui ne pourra être dépassée, c'est celle qui résulte de la quantité totale d'acide phosphorique que possède le pays.

Les animaux cessent de grandir et même de vivre, lorsque leur nourriture ne leur fournit plus les phosphates qui sont nécessaires non-seulement à l'accroissement, mais même à l'entretien de leurs os, car les os, notamment les os du thorax, sans lesquels l'appareil respiratoire ne peut jouer, sont absolument nécessaires à la vie. Tout porte à croire que les plantes cessent elles-mêmes de se développer lorsqu'elles ne rencontrent plus l'acide phosphorique et les divers éléments minéraux nécessaires à la formation des corps de composition organique quaternaire ou azotée contenus dans leurs cellules et tous ces organes vasculaires , où l'observation microscopique nous dévoile une combinaison délicate de tubulures, de siphons, etc., qui doivent allier la flexibilité et la ténacité

---

(1) Boussingault, *Comptes rendus hebdomadaires des séances de l'Académie des sciences*, XLI, p. 855. 1855.

à une certaine rigidité; la paille des graminées, qui, sans doute, a besoin d'être plus rigide encore, ne peut se former sans la silice, dont les racines choisissent et pompent les molécules dans le sol, à point nommé, avec l'apparence d'un instinct merveilleux.

Ce n'est pas seulement de l'analyse élémentaire des plantes, prises dans leur ensemble, que l'on peut déduire des notions sur la nature des substances utiles à leur alimentation.

On était arrivé à des conclusions non moins certaines, plus directes peut-être par l'étude approfondie de la constitution intime des différentes parties des végétaux : en voyant les substances neutres azotées ou quaternaires accompagnées du soufre, du phosphore, du chlore et des bases ou de leurs radicaux, magnésium, calcium, potassium, etc., circuler dans les vaisseaux, se déposer sur leurs parois, s'accumuler en plus fortes proportions dans les organismes végétaux doués des fonctions vitales les plus actives, spongioles des radicelles, jeunes bourgeons et feuilles, ainsi que dans les organes naissants de la reproduction ou de la floraison et de la fructification, relativement à toutes les espèces végétales examinées, il devenait évident que la vie végétative elle-même était liée étroitement à la présence de ces substances azotées et de ces composés minéraux; tels furent les faits constatés en 1834 et 1837 dans plusieurs mémoires présentés à l'Académie des sciences, et qui reçurent sa haute approbation (1). L'auteur, M. Payen, était conduit à énoncer dans les termes suivants une des lois générales de la végétation : Les corps doués des fonctions accomplies dans les tissus des plantes sont formés des éléments qui constituent les organismes des animaux, opinion que partagea M. de Mirbel après un grand travail de vérification et de recherches nouvelles entrepris

_______________

(1) Voir page 162 à 208, tome VIII, du *Recueil des savants étrangers;* mémoires de M. Payen sur la composition chimique des végétaux, les conclusions et la table générale des sujets et des planches, tome IX, p. 223 à 232, et 245 à 253 du même recueil.

en 1842, en commun avec M. Payen (1). L'auteur déduisit, en outre, de ses analyses cette règle générale de la composition des plantes, qui n'a pas encore rencontré d'exception, et s'est manifestée, depuis, dans les nombreuses analyses de M. Isidore Pierre sur les fourrages : Les substances azotées neutres sont d'autant plus abondantes dans les tissus des plantes que ces tissus sont plus jeunes et plus récemment formés.

Une autre démonstration curieuse de la nécessité des substances minérales résulte des faits nombreux constatés par M. Payen établissant que non-seulement ces substances ne sont pas distribuées au hasard ou en proportion de l'évaporation près de la superficie, mais encore que, dans l'intérieur des tissus végétaux, certains organismes sont disposés d'avance pour recevoir les sécrétions minérales ; qu'ainsi, malgré l'acidité générale des sucs, de grandes cellules contenant des organes pédicellés spéciaux, et sécrétant des concrétions calcaires, se rencontrent dans les feuilles des nombreuses espèces de la grande famille des Urticées, de toutes les espèces et variétés de Figuiers, de Mûriers, de Houblons, de Chanvre, de Celtis, etc.; que le carbonate de chaux, dans les noyaux des fruits des Celtis, incruste la cellulose spongieuse et lui donne la dureté du marbre, comme la substance ligneuse incruste et durcit la cellulose des autres noyaux de divers fruits, comme l'élément calcaire sature l'acide pectique ou injecte la cellulose de tous les tissus végétaux ; que les phosphates de magnésie et de chaux sont principalement sécrétés, ainsi que des matières grasses azotées, dans les tissus périphériques du périsperme des céréales ; que les membranes périphériques, enveloppe, cuticule ou épiderme, qui protégent la superficie des végétaux, sont formées de cellulose injectée, dans l'épaisseur des parois, de silice, de matière grasse et de substance azotée.

Des observations si nombreuses et si précises mettent hors

_____

(1) *Mémoires de l'Académie des sciences*, tome XX, p. 496, et tome XXII, p. 525.

de cause la supposition que les substances minérales contenues dans les cendres des végétaux auraient été simplement
entraînées, par un effet purement physique et mécanique,
par la séve ascendante; elles montrent que ces substances
jouent un rôle déterminé dans le mécanisme organique, et
elles permettent de conclure que ces substances, et l'acide
phosphorique en particulier, sont, pour tous les végétaux,
d'une nécessité aussi indispensable que pour les animaux.
Or, s'il en est ainsi, il sera rigoureusement vrai de dire
que la somme totale de matière organisée qui peut vivre
dans un pays est en proportion de la quantité totale d'acide
phosphorique qui y existe.

Les autres corps simples nécessaires à la vie ne fournissent pas généralement une pareille limite. L'oxygène, l'hydrogène, le carbone ne faisant jamais défaut dans les terres
ou les prairies suffisamment arrosées, la somme totale des
productions agricoles qu'un pays peut fournir, la somme
totale de viande, de grains, de légumes qu'il peut livrer à la
consommation, dépend de la quantité d'azote et surtout de la
quantité d'acide phosphorique qui s'y trouvent engagés dans la
masse de la matière organique ou agricole, dans le domaine
de la vie.

Relativement à l'azote, les soins instinctifs de l'agriculture ont pour effet, lorsqu'ils sont heureusement dirigés,
d'en augmenter la quantité, en retenant dans la masse de la
matière agricole les substances azotées qui résultent des phénomènes atmosphériques, cette espèce de *manne agricole*
qui tombe, chaque année, de l'atmosphère. Ils réussissent,
ainsi, à compenser, et même au delà, les pertes de substances azotées que l'industrie humaine ne peut prévenir, et à rendre constante ou même croissante dans le
pays sa dotation d'azote combiné que l'on cherche encore à accroître en ajoutant aux engrais toutes les substances azotées qu'on peut se procurer, même celles qui,
comme certains nitrates, proviennent du règne minéral.

L'azote qui entre dans la composition des plantes et des

animaux vient de l'air, et n'est, en quelque sorte, qu'une
manière d'être passagère de l'azote de l'atmosphère. On re-
fuse aux plantes la faculté d'absorber directement l'azote
de l'air; mais les composés azotés tombés avec la pluie, d'où
les plantes tirent en partie leur azote, ont une origine atmosphérique. Les composés organiques en décomposition, d'où
elles en tirent également, l'ont eux-mêmes tiré originairement de l'atmosphère, et les nitrates, dont on parvient quelquefois à faire passer l'azote dans la végétation, ont eux
aussi, suivant toute apparence, tiré originairement cet azote
de l'atmosphère.

L'atmosphère est pour l'azote un vaste réservoir dont
l'abondance presque incommensurable ne tend jamais à diminuer, parce que l'azote y retourne nécessairement après
avoir fait partie des composés organiques, lorsque ceux-ci
viennent à se décomposer complétement.

La terre végétale, qui est pour les corps organisés le
réservoir de l'acide phosphorique, n'en renferme, au contraire, qu'une quantité très-limitée et qui tend sans cesse
à diminuer, parce qu'une certaine quantité d'acide phosphorique va fatalement, chaque année, s'engloutir dans la mer.

Le phosphore qui sert à la végétation et à la vie des animaux
éprouve un mouvement de rotation analogue à celui de l'azote,
mais plus sujet à des déperditions irréparables, quoiqu'il soit
en lui-même infiniment plus simple. Comme l'azote, ainsi
que nous l'avons déjà remarqué, le phosphore va alternativement des champs aux fermes et des fermes aux champs,
mais sans prendre part, comme l'azote, à des transformations compliquées. Au milieu des autres corps simples
dont la vie et la mort des corps organisés modifient les états
de combinaison, le phosphore jouit du privilége d'une sorte
d'impassibilité. Il reste presque constamment à l'état d'acide
phosphorique engagé dans des phosphates dont la base seule
varie quelquefois. Les végétaux absorbent les phosphates
sans autre préparation que leur dissolution dans l'eau légèrement acide, et on n'aurait pas à s'en préoccuper, s'il se

trouvait dans la terre végétale, comme l'azote dans l'atmosphère, en quantité relativement illimitée, susceptible de
réparer toujours les pertes annuelles ; mais, comme la terre
végétale n'en contient qu'une faible quantité qui ne peut entrer
en comparaison avec le vaste magasin d'azote que constitue
l'atmosphère, la réparation des pertes annuelles de phosphore est un travail nécessairement imposé à l'agriculture,
travail qui, jusqu'à ces derniers temps, avait été exécuté
sans être compris et souvent, par conséquent, d'une manière
fort imparfaite.

Le mystère qui entourait ces pratiques aussi vieilles que
le monde est aujourd'hui dévoilé, et on comprend que, là où
l'acide phosphorique aurait disparu, toute végétation serait
impossible ; que les substances azotées, cette *manne agricole*
qui tombe de l'atmosphère, ne pourraient qu'imprégner le sol
et le rendre salin comme celui de certains déserts, à moins
que pour rendre la culture possible on n'ouvrît des mines
de phosphates de même que dans le Sahara on creuse des
puits artésiens. Comme le remarque avec raison M. Dumas, le programme de la théorie est essentiellement de rendre à la terre les matières azotées et les phosphates terreux
qu'elle peut avoir perdus. Mais, si cette théorie n'a plus de
mystère pour la science, elle n'est pas encore assez à la portée des simples agriculteurs, dont on exploite l'inexpé-
rience en leur vendant des engrais frelatés, qui sont bien la
pire espèce d'*orviétan* que le génie de la fraude ait jamais
inventée. Si un cheval ne peut se plaindre de sa ration, un
champ de blé le peut moins encore. De nombreux millions
sont *extorqués*, chaque année, à de pauvres laboureurs par
cette *honteuse industrie*, à laquelle la chimie, chargée, à cet
égard, d'un rôle officiel, pourra seule mettre un terme.

A l'origine de la végétation, le sol devait contenir déjà
toute la quantité d'acide phosphorique qui y existe aujour-
d'hui , tant dans la masse de la matière agricole que dans
la terre végétale, sauf ce que l'industrie humaine peut y
avoir ajouté artificiellement.

Les terres végétales qui n'ont pas encore été cultivées doivent contenir de l'acide phosphorique, et elles peuvent même en contenir dans une proportion assez grande pour concourir à l'explication de leur fertilité, longtemps inépuisable, puisque les végétaux dont les détritus les ont, en partie, formées en contenaient eux-mêmes, ainsi que le démontre l'analyse des cendres; mais, en scrutant à fond ce phénomène, on est conduit à reconnaître qu'à l'origine et avant toute végétation les matières meubles superficielles devaient contenir déjà de l'acide phosphorique ou des phosphates.

En parlant ainsi de la matière superficielle, nous comprenons nécessairement toute celle dans laquelle les racines des végétaux ont pu pénétrer pour y pomper leur nourriture ; nous comprenons même toute la matière dans laquelle peut circuler ou transsuder l'eau qui, dans les moments de sécheresse ou de gelée, vient se vaporiser ou se congeler à la surface en abandonnant tous les phosphates qu'elle avait pu dissoudre dans son cours ; et, pour le dire en passant, ce transport lent, mais incessant, des phosphates (et de beaucoup d'autres sels) vers la pellicule extérieure du sol peut concourir, en même temps que les composés azotés qui tombent de l'atmosphère avec la pluie et la rosée, pour expliquer l'avantage que l'agriculture a trouvé, de tout temps, à *laisser reposer la terre.* Il permettrait, à lui seul, de concevoir l'utilité réelle des *jachères,* dont la pratique ne s'est pas maintenue pendant tant de siècles, par l'effet d'un simple préjugé (1).

La première partie de cette remarque n'avait pas échappé à M. Bobierre, qui, dans son ouvrage sur *le Noir animal,* déjà cité précédemment, s'exprime à ce sujet dans les termes suivants : « Les arbres, en aspirant, par leurs racines

______

(1) En répétant cette remarque, que j'ai déjà présentée précédemment, je suis loin de me constituer l'apologiste des *jachères ;* mais je crois que, pour les supprimer sans inconvénient, il est bon de bien se rendre compte de l'utilité qu'elles ont pu avoir.

profondément développées, des substances disséminées dans le sol, condensent ainsi les éléments de fertilisation qui, à l'époque de l'automne, sont, chaque année, répartis à la surface de la terre sous forme de feuilles mortes, bientôt converties en terreau fécondant (1). Les mêmes considérations s'appliquent aux Genêts, aux Fougères et à beaucoup d'autres végétaux. »

On conçoit ainsi que, si le repos, qui à lui seul augmente par degrés la quantité totale d'azote combiné existante dans le sol, n'augmente pas la quantité totale d'acide phosphorique qui s'y trouve renfermée, il favorise du moins son retour et sa concentration dans la pellicule extérieure du sol, qui est la seule où pénètrent les courtes racines du Blé et la seule qui profite de l'acide phosphorique extrait des profondeurs du sol par les longues racines des plantes vivaces et par les eaux qui se congèlent ou s'évaporent à la surface.

A l'origine de la végétation, la matière meuble superficielle ne contenait probablement pas d'autre azote que celui des sels ammoniacaux tombés de l'atmosphère. Les végétaux ont puisé l'azote, soit dans ces sels accumulés, soit dans l'atmosphère, en décomposant les composés azotés qui s'y forment naturellement, ou même en y pompant l'azote libre, quoique des savants éminents contestent aux végétaux en général, et surtout aux Graminées, cette dernière faculté; mais la végétation n'a pu tirer de même l'acide phosphorique de l'atmosphère; elle n'a pu que mettre en œuvre celui qu'elle a trouvé dans le sol originaire. L'azote vient d'en haut et l'acide phosphorique vient d'en bas. Ces deux substances sont reçues ensemble par la plante à laquelle elles paraissent être nécessaires, dès les premiers moments de son développement, pour la formation du tissu organique qui lui permet ensuite d'absorber l'eau et de pomper le carbone dans l'atmosphère ; car M. Payen, qui a étudié ces questions

______

(1) Bobierre, *le Noir animal*, p. 58.

d'une manière si approfondie, a constaté que les plantes renferment d'autant plus de substances minérales et de matières organiques azotées qu'elles sont plus jeunes et douées d'une plus grande énergie vitale; que, de plus, entre les différents organismes d'une plante, ceux qui sont plus jeunes ou plus récemment formés sont aussi les plus riches en matières minérales et azotées. Cette loi s'applique aux graines qui, dans les plantes, se forment en, général, les dernières, et c'est là, sans doute, ce qui fait qu'elles sont plus nutritives pour les animaux que le reste de la plante. Mais ce qui rend surtout nécessaire le concours de ces deux substances, c'est probablement la diversité des rôles qu'elles jouent dans la plante, l'une par l'activité chimique de ses composés, l'autre par la plasticité que nous avons déjà signalée dans les phosphates; l'acide phosphorique, ainsi que nous l'avons déjà remarqué, entre vraisemblablement dans la composition de l'appareil vasculaire, tandis que les matières azotées servent à le faire fonctionner. L'un est la base de l'organisation de la charpente; l'autre, l'élément excitant. L'azote active la nourriture dans les plantes, et l'acide phosphorique a surtout pour effet utile de prévenir l'avortement des divers organes, et finalement de la graine. L'un fait vivre les plantes, et l'autre empêche qu'elles ne meurent sans avoir laissé des semences propres à les reproduire. Un champ pauvre en phosphates pourrait, au printemps, se couvrir d'une riche verdure, mais il ne porterait qu'une moisson avortée.

On conçoit, d'après ces considérations, que l'acide phosphorique est, pour l'agriculture, d'une nécessité plus fondamentale encore que l'azote déjà combiné, et qu'il est, plus exclusivement que l'azote, du ressort de l'industrie humaine. L'épuisement d'acide phosphorique est le plus fatal à la végétation qu'un champ puisse éprouver, et celui à la réparation duquel la nature a le moins pourvu par le jeu des agents naturels abandonnés à eux-mêmes. Cet épuisement est le danger le plus inévitable des pays cultivés, et l'agriculture est d'autant plus impérieusement obligée de s'occuper à augmenter ,dans une contrée donnée, la quantité totale d'acide phosphorique qui y existe, qu'il lui est impossible de pourvoir à ce que celui qui s'y trouve déjà ne se perde pas plus ou moins rapidement.

Un pays cultivé est plus susceptible qu'un pays sauvage de voir augmenter graduellement, par des soins convenablement ménagés, la somme d'azote combiné qu'il renferme; mais il est dans une condition moins favorable qu'un pays sauvage pour la conservation de la quantité initiale d'acide phosphorique dont la nature l'avait doté. Dans les pays sauvages, les animaux consomment sur place les végétaux et leurs produits, et ils rendent au sol l'acide phosphorique dans leurs excréments et dans leurs cadavres. En cultivant et en moissonnant, l'homme agrandit le cercle de cette rotation et y fait naître des déchets; il emporte au loin les fruits de la terre, et il l'aurait promptement dépouillée de la petite quantité d'acide phosphorique qu'elle renferme, si l'expérience ne lui avait appris à le lui restituer par les engrais dont il la couvre.

Dans un pays inculte, où la nature est livrée à elle-même, la quantité totale d'acide phosphorique dont la couche superficielle a été dotée originairement reste probablement à peu près constante. Les végétaux et les animaux meurent ou sont dévorés sur place , et leur acide phosphorique retourne au sol qui l'a fourni. Les rivières, plus limpides que dans les pays cultivés, n'entraînent à la mer qu'une quantité de limon comparativement peu considérable ; et les agents atmosphériques sont aussi actifs qu'ailleurs pour désagréger la surface des roches, dont les éléments s'ajoutent à la terre végétale avec l'acide phosphorique qu'ils renferment. Les racines des grands arbres dont les forêts se composent vont puiser plus profondément qu'aucune autre végétation l'acide phosphorique que leurs feuilles et leurs troncs, en se décomposant, rendent à la pellicule superficielle du sol. Les fleuves charrient, il est vrai, dans la mer, des troncs d'arbres

et des cadavres d'animaux dont l'acide phosphorique est
perdu pour le pays et englouti dans l'abîme. Mais les oiseaux de mer qui vivent de poissons ne s'arrêtent pas
toujours sur les rochers du littoral, et disséminent leur
guano sur des surfaces terrestres plus ou moins étendues ;
souvent ils meurent dans l'intérieur des terres, ou bien ils
sont dévorés par les oiseaux de proie terrestres, et l'acide
phosphorique qu'ils ont tiré de la mer va finalement s'ajouter à la terre végétale. On pourrait admettre qu'il y a à peu
près compensation ; on pourrait croire que le mécanisme
toujours admirable de la nature est combiné de telle façon
que cet équilibre se maintienne tant que l'état normal naturel n'a pas subi de perturbation.

Cependant, en voyant comment le Nil, le Gange, l'Euphrate,
le Mississipi forment et fertilisent leurs deltas et les parties
basses de leurs vallées par les limons qu'ils y déposent et
dont ils charrient, en outre, de grandes quantités à la mer, on
pourrait aussi imaginer que les contrées sauvages et incultes
où ces fleuves prennent leurs sources seraient condamnées
à se voir dépouiller, à la longue, de leur acide phosphorique
destiné à aller enrichir les dépôts qui sont en cours de formation dans le fond de l'Océan, et qui, après une nouvelle
révolution de la surface du globe, deviendront les terres cul-
tivables des âges postérieurs. Mais cet appauvrissement, si
réellement il s'opère, est sans doute excessivement lent, et on
peut supposer que dans une vaste région inculte, comme l'était,
il y a deux siècles, l'Amérique du Nord, la quantité totale
d'acide phosphorique, si elle ne s'accroît pas et si elle ne
reste pas stationnaire, ne diminue cependant qu'avec une
extrême lenteur.

La diminution doit évidemment être beaucoup plus rapide dans une contrée cultivée, où l'équilibre que nous
avons cherché à faire entrevoir se trouve rompu, et l'homme
qui l'a troublé est appelé à le rétablir par son industrie,
sous peine de souffrir, à la longue, du désordre qu'il a produit. En effet, l'homme fait croître des moissons qui enlè-

vent annuellement au sol plus d'acide phosphorique que ne
ferait une forêt, et il ne laisse pas cet acide retourner au sol,
puisqu'il récolte la paille et le grain ainsi que l'herbe des
prairies et même le bois des forêts. Il reporte, à la vérité, par
les engrais, une partie de cet acide phosphorique dans les
champs, mais il ne l'y reporte pas en totalité.

Dans un pays cultivé depuis longtemps, il n'est presque
pas une molécule d'acide phosphorique qui n'ait passé, à
plusieurs reprises, dans l'estomac de l'homme et des animaux, et on comprend que, en décrivant cette orbite qui la
ramène périodiquement dans la terre végétale, elle peut
rencontrer des causes qui tendraient à la détourner et à la
précipiter dans l'Océan. D'ailleurs, les eaux pluviales, en cou-
lant sur la surface des champs, s'y chargent de matières terreuses qu'elles n'enlèveraient pas à une Bruyère ou à une
forêt, et ces matières, qui font que les rivières des pays cultivés sont moins limpides que celles des pays incultes, proviennent précisément des parties superficielles du sol, de
celles qui ont reçu les substances azotées et l'acide phosphorique qui devaient réparer leurs pertes. De là un déchet
annuel qui profite aux parties basses des vallées par l'effet
des inondations et du précieux limon qu'elles déposent,
mais qui va, en grande partie, s'engloutir dans la mer.

Il est vrai que de la mer on tire des poissons dont la substance sert à augmenter la masse des engrais; mais il est
fort probable que la compensation est loin d'être exacte. On
peut admettre que les produits de la mer rétablissent, en
effet, l'équilibre dans les communes littorales (où le bon état
des cultures a été souvent remarqué et attribué quelquefois,
quoiqu'à tort sans doute, au sel marin), et qu'ils le main-
tiennent, en général, dans toutes celles qui peuvent faire
usage des *engrais de mer ;* mais il est certain que les communes de l'intérieur sont, à cet égard, dans une condition
inférieure.

On ne peut, en somme, révoquer en doute que la déperdition d'acide phosphorique ne soit plus grande dans un pays

cultivé que dans un pays sauvage, et, si la quantité totale
d'acide phosphorique reste à peu près constante dans une
région inculte, elle doit diminuer graduellement dans une
contrée cultivée.

Les annales des nations, et particulièrement les plus anciennes, fournissent des exemples à l'appui de ces raisonne-
ments. Les terres de l'Égypte , renouvelées chaque année
par le limon du Nil, conservent toujours la même fertilité
que sous les Pharaons et les Ptolémées ; mais d'autres contrées non moins classiques présentent un tableau tout diffé-
rent. La Sicile, l'Italie, la Grèce peuvent donner lieu, à cet
égard, à des remarques qui ne sont peut-être pas sans intérêt.

Les pentes des volcans, de même que les terres d'alluvion,
doivent aux laves, aux boues et aux cendres qui les ravagent
par intervalles une jeunesse éternelle ; mais les premiers
hommes ont dû être longtemps avant de songer à demander
leur nourriture à ce sol redoutable. La Fable nous montre
Pluton enlevant à Cérès sa fille Proserpine dans les champs
de la Sicile. Il semble que, dans ces temps reculés, l'Etna,
avec ses éruptions, ait paru le symbole de la mort, tandis
que les campagnes calcaires qui l'entourent étaient le type
de la fécondité ; c'est à peu près le contraire qu'on peut
observer aujourd'hui. Sans cesse rajeunies par les foyers
qu'elles recèlent, les pentes de l'Etna sont de nos jours les
parties les plus riantes et les plus riches de la Sicile ; elles
sont mieux cultivées sans doute qu'elles n'ont pu l'être lorsque les cyclopes faisaient retentir leurs enclumes dans les
antres des petites îles volcaniques qui portent leur nom ;
mais le reste de la Sicile, l'ancien domaine de Cérès, l'ancien grenier de l'Italie, est devenu l'asile de la misère.

Les champs du Latium sont également dépeuplés ; mais
les vignobles qui couvrent les terrains volcaniques de la
Campanie justifient encore la renommée dont ils jouissaient
dans l'ancienne Rome, dont l'un des poëtes les plus harmo-
nieux en fait la promenade favorite de Bacchus,

> ........ Quum per juga concita Gauri
> Perque vaporiferi graditur vineta Vesevi (1).

Toutefois le Gaurus (monte Barbaro), dont les feux sont éteints, n'est pas resté même, aux yeux des buveurs, le rival du Vésuve, et sur les plages napolitaines on peut suivre les progrès de la décadence qui nous occupe.

La masse calcaire et rocailleuse du promontoire de monte Circeo ne rappelle plus en rien les prestiges de l'enchanteresse célébrée dans l'Odyssée. De toutes les splendeurs des règnes d'Auguste et de Tibère, l'île calcaire de Caprée n'a conservé que sa fameuse grotte d'azur. L'île d'Ischia et les champs Phlégréens, qui, malgré quelques éruptions modernes, sont en masse des produits volcaniques anciens, sont encore très-fertiles ; et cependant le lac Averne devenu clément, la grotte désenchantée de la sibylle, les temples abandonnés de Mercure et de Vénus, les piscines comblées d'Hortensius, les villas demi-ruinées de Lucullus et de Cicéron, sont aujourd'hui des sites historiques plus que des lieux de plaisance. Le caprice du luxe napolitain s'est porté instinctivement à Portici, à Resina, à Torre del Greco, à Castellamare, sur les produits volcaniques modernes qui recouvrent les cités ensevelies d'Herculanum et de Pompéïa. Le vin de *Falerne* croît encore, indigne peut-être de son nom classique, sur les collines couvertes de ruines des environs de Pouzzoles. Il est supplanté par le vin de *Lacryma Christi,* produit par les cendres du Vésuve, dont la composition est, sans doute, la même que celle des laves où M. Deville a trouvé jusqu'à près de 2 1/4 pour 100 de phosphate de chaux.

La Grèce nous offre des faits analogues. L'île volcanique de Santorin, couverte, comme le Vésuve et l'Etna, de vignobles admirables, est la plus riche de tout l'archipel, et peu de parties des contrées voisines pourraient lui disputer aujourd'hui la palme de la fécondité; mais il est permis de douter que les terres de la Grèce et de l'Asie Mineure aient

---

(1) Lorsqu'il parcourt les cimes escarpées du Gaurus et les vignobles du Vésuve qui exhale des vapeurs.

été aussi stériles au temps d'Hésiode qu'elles le sont généralement de nos jours, et peut-être ne faudrait-t-il qu'y semer,
en souvenir de Cadmus, des ossements pulvérisés, pour rendre aux campagnes de Thèbes et aux pâturages de l'Arcadie
leur fertilité et leur verdure homériques.

Ce serait de même une erreur que de juger de l'ancien
pays de Chanaan par les pachaliks d'Acre et de Damas. La
terre promise est appauvrie, et l'agriculture patriarcale ne
suffirait plus pour y faire vivre, à côté des enfants d'Abra-
ham, les Philistins, les Madianites, les Amalécites, les populations sensuelles de la Pentapole, les populations indus-
trieuses et actives de Tyr et de Sidon, sans parler de Palmyre,
de Baalbek, etc. Le ciel et les montagnes restent les mêmes,
mais les ruisseaux de lait et de miel ont cessé de couler.
Alors même qu'un glorieux Bosphore aura remplacé l'isthme
de Suez, la reine du Saba n'apportera plus ses aromates à
Jérusalem. De la prospérité du règne de Salomon il ne reste
guère aujourd'hui que des ruines, des rochers, des déserts
où l'on peut se demander s'il est toujours parfaitement exact
de dire qu'il n'y a rien de nouveau sous le soleil.

La figure de ce monde passe, a dit Bossuet, et cette vérité
de l'ordre politique et moral trouve plus d'une application
dans l'ordre physique. L'idée, un peu vague, de pays usés et
de pays neufs, qu'on a vue déjà plus d'une fois se produire,
n'est peut-être pas, en dernière analyse, aussi fantastique
qu'elle a pu le paraître au premier abord. Un grand poëte,
qui a succombé au champ d'honneur en essayant de faire
revivre la civilisation dans l'Orient, a entrevu le côté physique des changements qu'il a éprouvés, et a qualifié de des-
séchement l'épuisement de ces vieilles terres qui ont produit
tant de moissons :

> ... Their decay
> Has dried-up realms to deserts.... (1).
>
> ( *Child Harold*, chant IV. )

---

(1) Leur dégradation a desséché des royaumes jusqu'à en faire des déserts.

Sans refuser toute vérité à cette image poétique, la science voit cependant une cause plus certaine de décadence dans la disparition de certains sels. Sir Humphry Davy, qui lui-même avait visité les champs des anciens et dont le génie pénétrant a doté l'agriculture de tant de remarques importantes, attribuait, comme nous l'avons déjà rappelé, la stérilité de quelques-unes des parties de l'Afrique septentrionale, de l'Asie Mineure, de la Sicile, qui furent si long-temps les greniers de l'Italie, à l'épuisement des phosphates.

Quelque importants qu'ils soient pour les sociétés humaines, ces changements sont minimes dans l'ordre général de la nature. Sauf les effets locaux des grands déboisements artificiels ou naturels, effets qui sont sensibles, mais limités, l'état de l'atmosphère ne varie guère plus que celui de l'Océan, dont la continuation des vers de lord Byron dit ensuite si éloquemment :

... not so thou,
Unchangeable, save to thy wild waves' play :
Time writes no wrinkle on thine azure brow ;
Such as creation's dawn beheld, thou rollest now (1).

( *Child Harold*, chant IV.)

La constante mobilité des vagues de la mer ne cesse jamais de charger l'air de particules salines que les vents répandent partout ; les orages, non moins constants que les vagues, produisent toujours des substances azotées qui fertilisent le sol. Sans partager complétement la permanence immuable de l'atmosphère et de l'Océan, la terre n'éprouve que des dégradations assez légères dans leur ensemble par l'action des vents qui la battent sans cesse et des eaux qui y ruissellent ; les plus grands travaux des hommes la changent bien moins encore ; mais les phosphates que la terre végétale

---

(1) Il n'en est pas ainsi de toi, toujours le même, sauf le jeu de tes vagues sauvages. Le temps ne grave pas de rides sur ton front d'azur. Tel qu'à l'aurore de la création, tu roules tes flots aujourd'hui.

peut contenir sont, dans l'univers, un détail que la main de l'homme peut altérer et qu'elle peut même en partie restaurer. La question est seulement de savoir où trouver assez de phosphates pour rajeunir des contrées entières, à moins d'y extraire du sein de la terre le phosphate de chaux, qui, sans doute, ne manque pas plus, dans une foule de pays, que dans la Flandre et le Surrey.

Tout concourt à faire sentir la nécessité d'utiliser les ressources que nous réserve à cet égard la nature minérale. Nous n'avons fait allusion, jusqu'à présent, qu'à la déperdition d'acide phosphorique résultant de la culture elle-même; mais les molécules de phosphore engagées dans le tourbillon organique sont encore sujettes à une autre cause de déperdition, faible, à la vérité, mais incessante et irrévocable; celle-ci est due à la piété envers les morts, que je suis loin de vouloir accuser en signalant les résultats auxquels elle nous oblige à chercher un remède (1).

Chaque fois qu'un corps a été brûlé et que ses cendres ont été mises dans des urnes ou couvertes d'un tumulus, chaque fois qu'un cadavre a été enterré, l'acide phosphorique qu'il contenait a été retiré de la circulation ; le carbone, l'hydrogène, l'oxygène, l'azote, le soufre lui-même ont repris presque en entier leur forme première et se sont échappés invisiblement ; mais les cendres des morts se composent, en grande partie, de phosphates qu'on a retenus religieusement dans l'asile des tombeaux.

Si l'acide phosphorique était une substance très-abondante dans la nature, la quantité qui peut en avoir été séquestrée de cette manière serait insignifiante ; mais, vu sa rareté relative, cette quantité n'est pas absolument négligeable.

---

(1) Depuis que ce passage est écrit, j'ai appris que M. Payen s'est occupé, il y a déjà bien des années, d'une pensée analogue à celle qui est exprimée ici, et qu'il l'a développée dans un article spécial sur les inconvénients des divers modes de *sépulture*, inséré, en 1831, dans le 19ᵉ volume du *Dictionnaire technologique*, p. 288.

On peut estimer peut-être à environ un milliard le nombre des hommes qui, depuis les Celtes jusqu'à nous, sont nés et ont grandi sur le territoire de la France. Tout l'acide phosphorique contenu dans leurs os et dans leurs chairs provenait de notre sol, et, soit qu'ils aient émigré, soit qu'ils soient morts en France et qu'ils y aient été brûlés ou enterrés, tout cet acide phosphorique a été soustrait aux emplois agricoles. Si quelques-uns se sont noyés dans les fleuves, leurs cadavres ont été entraînés à la mer. Ceux-là seuls qui ont été dévorés par les loups et autres bêtes féroces, et le nombre peut en être négligé, ont rendu leur acide phosphorique à la terre végétale comme le font les animaux et les plantes sauvages.

D'après les pesées que mon savant confrère M. Jobert de Lamballe a bien voulu faire exécuter à ma prière, un squelette humain desséché pèse moyennement 4 kilogrammes 600 grammes, et, en admettant, d'après l'analyse rapportée au commencement de cette étude, que les ossements humains contiennent 53,04 pour 100 de phosphate de chaux, un squelette doit en renfermer 2 kilogrammes 440 grammes. Mais un corps humain pèse moyennement environ 75 kilogrammes; en déduisant le poids du squelette, il reste environ 70 kilogrammes de parties molles qui, par l'incinération, donneraient vraisemblablement, comme la chair de bœuf citée précédemment, environ 1 1/2 pour 100 de cendres composées principalement de phosphates de potasse, de soude, de chaux, et d'une petite quantité de chlorures alcalins. Nous ne serons probablement pas loin de la vérité en supposant que la quantité d'acide phosphorique qu'elles renferment correspond à une quantité de phosphate de chaux égale à 80 pour 100 du poids des cendres ou à 1 1/2 centième du poids des parties molles multiplié par 0,80, soit : $70.1 + \frac{1}{2}. 0,80 = 840$ grammes. Ces 840 grammes, ajoutés aux $2^k,440$ contenus dans les os, donnent un total de $3^k,280$ de phosphate de chaux, et par conséquent $1^k,439$ d'acide phosphorique et 639 grammes de phosphore natif pur, pour les quantités de ces substances qui sont renfermées dans un corps humain.

Mais il s'agit du corps d'un homme adulte de taille moyenne ; or, dans le milliard d'individus dont nous avons parlé, la moitié étaient des femmes, généralement plus petites que les hommes, et près de la moitié des individus des deux sexes sont morts avant l'âge adulte, à diverses époques de l'enfance et de l'adolescence. Cette double circonstance exigerait une double réduction à laquelle nous aurons probablement égard d'une manière à peu près exacte, en supposant que chaque corps contenait, en moyenne, une quantité d'acide phosphorique correspondante à *deux kilogrammes* de phosphate de chaux.

D'après ces données, le milliard d'individus dont le sol de la France a fourni l'acide phosphorique en ont emporté, en mourant, une quantité correspondante à *deux milliards de kilogrammes* , ou *deux millions de tonnes* de phosphate de chaux.

Deux millions de tonnes de phosphate de chaux pure correspondent à 5,167,000 tonnes de nodules de chaux phosphatée terreuse contenant 38,7 de phosphate de chaux pur comme ceux des environs de Lille dont l'analyse a été rapportée plus haut. En supposant à cette chaux phosphatée terreuse une pesanteur spécifique à peu près égale à deux fois et demie celle de l'eau, les 5,167,000 tonnes représentent à peu près 2 millions de mètres cubes, qui, répartis sur la surface entière de la France, évaluée à 530,402 kilomètres carrés, ne formeraient qu'une pellicule de moins de 4 millièmes de millimètre d'épaisseur, mais qui, réunis dans une étendue d'un kilomètre carré, y constitueraient une couche compacte de 2 mètres de puissance.

On voit par là qu'il faudrait exploiter de vastes et nombreuses carrières de chaux phosphatée terreuse pour rendre au sol de la France l'acide phosphorique dont le respect des sépultures l'a privé. Cette exploitation pourrait devenir l'objet d'une industrie fort importante, car si la matière qu'elle produirait se vendait, comme il paraît que cela a lieu en Angleterre, au taux de 150 à 175 francs la tonne, ou même seulement 100 francs, en raison de ce que nous la supposons contenir 18 et non 28 pour 100 d'acide phosphorique, les 5,167,000 tonnes dont il a été question auraient une valeur de plus de 500 millions de francs (1) ; et, si l'on réfléchit à ce que pourrait devenir un jour le besoin de phosphate de chaux lorsque l'épuisement général des terres serait plus sensible et mieux apprécié, on comprendra que la découverte de cette substance dans l'intérieur de la terre serait non-seulement un service rendu aux vivants, mais encore l'accomplissement d'un devoir pieux envers les cendres des morts.

Si l'on ajoute que, suivant toute apparence, le phosphate de chaux renfermé dans les sépultures n'est qu'une fraction peu considérable de la quantité que le sol de la France en a perdue par les causes que nous avons indiquées, on verra que, pour pouvoir lui rendre la vigueur végétative qu'il possédait au temps des Celtes et des Gaulois, il faudrait que l'exploitation des couches qui contiennent du phosphate de chaux devînt une branche importante de l'industrie minérale.

Colbert avait dit que la France périrait faute de forêts, et tout le monde conçoit que, sans la houille, sa prédiction serait en voie de s'accomplir. De son temps, on aurait moins facilement compris comment un grand pays pourrait périr faute de phosphore ; c'est cependant ce qui finirait par arriver, si on ne parvenait pas à trouver dans la nature minérale des substances qui seraient en quelque sorte pour l'agriculture ce que la houille est pour l'industrie. Toutefois la similitude ne serait pas complète entre ces deux emprunts faits

---

(1) En d'autres termes, deux milliards de kilogrammes de phosphate de chaux pur contiennent 2,000,000 × 0,4615 = 923,000,000 de kilogrammes d'acide phosphorique, qui, à raison de 0 fr. 50 cent. le kilogramme, prix approximatif déjà relaté précédemment, auraient une valeur de 461,500,000 fr., résultat peu éloigné du précédent.

au sous-sol. L'industrie, en tirant la chaleur dont elle a besoin de la houille, formée des débris de végétaux qui n'existent plus, rend leur carbone à l'atmosphère et complète à leur égard l'œuvre de la destruction. L'agriculture, au contraire, en utilisant les phosphates concrétés en nodules dans certaines couches géologiques, ferait rentrer dans le tourbillon organique les restes de races éteintes, et, respectant les tombeaux de nos pères, elle rendrait à la vie, sous une forme nouvelle, la poussière des iguanodons, des mosasaures, des poissons antédiluviens, merveille digne d'être comptée parmi celles d'une époque où on coupe une jambe sans douleur, où on se parle à travers l'Océan, où l'homme, le bœuf, le roc lui-même sont transportés avec la vitesse des oiseaux, et en prévision de laquelle semblent avoir été écrits les vers de Boileau :

> Aux accords d'Amphion les pierres se mouvaient
> Et sur les murs thébains en ordre se rangeaient.